迈向智能

AIGC时代的内容生产与传播变革

冯 瑛◎著

上海交通大学出版社
SHANGHAI JIAO TONG UNIVERSITY PRESS

图书在版编目（CIP）数据

迈向智能：AIGC时代的内容生产与传播变革 / 冯瑛
著. -- 上海：上海交通大学出版社，2025.4. -- ISBN
978-7-313-32429-0

Ⅰ. TP18

中国国家版本馆 CIP 数据核字第 2025TR5073 号

迈向智能：AIGC 时代的内容生产与传播变革

MAIXIANG ZHINENG：AIGC SHIDAI DE NEIRONG SHENGCHAN YU CHUANBO BIANGE

著　者：	冯　瑛			
出版发行：	上海交通大学出版社	地　址：	上海市番禺路 951 号
邮政编码：	200030	电　话：	021 - 64071208
印　制：	苏州市古得堡数码印刷有限公司	经　销：	全国新华书店
开　本：	710 mm×1000 mm　1/16	印　张：	10.25
字　数：	139 千字		
版　次：	2025 年 4 月第 1 版	印　次：	2025 年 4 月第 1 次印刷
书　号：	ISBN 978-7-313-32429-0		
定　价：	88.00 元		

前言
FOREWORD

　　纵观传媒发展史,从古代活字印刷术到现代激光照排技术,从蒸汽机到互联网,每一次技术的跃迁都带来了传媒业的巨大变革。进入 21 世纪以来,随着人工智能技术的飞速发展,传媒行业再次迎来了前所未有的大变革。以 ChatGPT 为代表的生成式人工智能的出现及其在传媒行业的应用,为传媒业带来了全新的发展机遇。生成式人工智能(AIGC)依托先进的自然语言处理(natural language processing,NLP)、计算机视觉和机器学习等技术,使得自动化内容生成、个性化推荐、智能编校和虚拟主播成为可能。生成式人工智能应用于新闻传播领域,不仅极大地提高了内容生产和传播效率,降低了内容获取成本,还为用户提供了更加便捷、智能和个性化的体验。以新闻内容生产为例,传统的新闻报道往往依靠记者进行实地采访和撰写,而新闻稿件的编辑校对也仰赖人工力量。人工撰写和编校需要耗费大量的时间和精力,而借助于生成式人工智能技术的赋能,可以实现快速准确的新闻报道。

　　生成式 AI 作为一种新质内容生产力,通过"新"(技术突破)和"质"(与现有生产要素结合孕育新创新驱动力)两方面革新传统内容生产力。这种新质态预示着智能体机器人将成为下一代人工智能的发展方向。这种人工智能的出现带来了全新的社会场景,具体体现在两方面:一是智能体机器人作为人类的辅助工具加深、加细、加长人类实践的自由度,高效、低成本完成复杂任务;二是作为"拟主体"的智能体机器人与人类主体合作,通过开展人机协同,共同完成社会实践,两者互相取长补短,各自发挥自己的特长，从而形成"1＋1＞2"的连接效应。

生成式人工智能对于传播领域带来的影响是生态级、重构式、颠覆性的，其应用于传播领域，势必将加速人工智能与人类智能之间的竞合，促进两种智能形态之间的深度融合，推动"人机传播"成为传播活动的一种新形态，重构现有的以"人"为中心的传统传播体系。

生成式人工智能凭借其海量的数据基础、强大的算法以及高性能的计算能力，已然跃升成为传播领域的新兴主体。然而，这并不意味着它将取代传统专业媒体和广大社会个体在传播中的主体地位，而是与这些现有主体共同构建了一个新兴、多元的传播生态共同体。这一变革正在加速推动传统"主客二分"的传播模式向"人机共存"的新型传播范式转变，人机共生、人机协同将成为人工智能时代信息传播的新常态，也是未来不可逆转的发展趋势。

生成式人工智能的出现是人工智能发展史上的一个里程碑事件，以 ChatGPT 为代表的生成式人工智能在内容生产和传播领域所展现出的卓越能力已受到广泛认可。这一现象预示着内容创作、信息流通等传播生态即将迎来深刻的变革。对于学术界而言，如何深入解读生成式人工智能引发的传播生态革命，已成为当下亟待探究的重要议题。

本书正是在这一背景下对生成式人工智能应用于传播领域可能带来的重大变革展开讨论的。本书共分为五章。第一章综述生成式人工智能的发展简史，探讨生成式人工智能的崛起给传播领域带来的深刻影响，认为生成式人工智能不仅深刻改变了知识的生产方式，还改变了知识的传播方式。此外，本章还对生成式人工智能环境下人际关系的新变化进行了探讨。第二章首先介绍了媒介内容生产模式的嬗变与发展历程。人工智能技术的发展促使内容生产模式已实现从传统的工业化、人力密集型向自动化、智能化转型，"人机协同"成为 AIGC 时代内容生产领域的新常态。AIGC 技术应用于传播领域，不仅改变了内容生产的方式和流程，还促进了内容生产与传播的深度融合，重塑了传播生态格局。其次分析了人工智能生成内容的技术机理与生成逻辑，对生成式人工智能所依赖的自然语言处理与机器学习技术、算法、模型训练等进行了详细介绍。同时，对 AIGC 在内容生成过程中可能出现的算法偏见与公平性等问题进行了深入探讨，并提出了应对之策。最后对人工智能生成内容的版权问题进行了探讨。第三章重点对 AIGC 时代引发的传播范式变革和人际关系嬗变进行了深入考察。人工智能技术的发展及其在传播领域的应用，颠覆了传统的传播范式。人工智能时代的传播主体不再局限于人类，在智能传播环境下，传播的主客体发生移位，人与机器之间呈现"主体同位"的新特征。"人机共生"成为智能媒体时代人际关系的新转向和新范式。本章还对智能传播时代的 AI 主播与真人主播进行了比较分析，同时对数字人的未来进行了展望。第四章对生成式人工智能引发的传媒产业转型升级、传媒组织变革、新闻传播理念创新等进行了探讨。人工智能生成内容改变信息传播全链，带来信息传播扩能增效，推动新闻传播行业转型升级。技术的进步是一把双刃剑，AIGC 赋能传播，在实现信息传播提质增效的同时，也带来一些问题，本章还对 AIGC 带来的传播与社会问题及其治理进行了分析。第五章对全书进行总结，主要对 AIGC 时代知识生产与传播面临的挑战及应对进行了探讨。

目前，虽然学界关于智能传播领域等诸多议题的探讨整体仍处于起步阶段，加之人工智能应用于传播的实践也处在不断地发展和变化之中，当前的诸多讨论或许最终会被证明具有明显的过渡性。但可以确定的是，生成式人工智能的崛起及其赋能传播领域，必将是人类传播史上具有划时代意义的事件。因此，从传播学的视角出发，对生成式人工智能时代的未来发展进行前瞻性研究，是一个既重大又紧迫的课题，亟须学术界的共同努力，以有效应对即将到来的传播领域的深刻变革。

目录
CONTENTS

第一章

AIGC 引发的传播革命

人工智能(artificial intelligence, AI)的发展历史可以追溯到 20 世纪 50 年代。1950 年,计算机科学家艾伦·图灵提出了"思考机器"的概念并开发了著名的"图灵测试",旨在确定机器是否能够表现出与人类无法区分的智能行为。此后的几十年间,AI 研究取得了长足的进展,约翰·麦卡锡、马文·明斯基和赫伯特·西蒙等先驱在推动 AI 技术的发展方面做出了突出的贡献。

20 世纪末至 21 世纪初,随着聊天机器人的出现,人机对话成为可能。近年来,随着深度学习和神经网络(neural networks, NN)研究的进展,人工智能在自然语言处理方面取得突破。2020 年,OpenAI 公司发布了 GPT-3,这是一种能够生成类似人类文本的语言模型。随后,包括 ChatGPT 在内的 GPT 模型开发取得进展,完善了对话能力,并展示了人工智能在通信和其他各个领域的巨大潜力。生成式人工智能(generative artificial intelligence, GAI)依托其强大的文本、图像生成能力,极大地降低了撰写文本(如 OpenAI 的 ChatGPT 和 Anthropic 的 Claude)、创建图像(如 Dall-E、Google Gemini 和 Midjourney)以及其他潜在的更多活动的成本,这些都是传播活动的一部分。在这一活动中,发送者通过利用 GAI 可以生成更清晰、更有说服力、更容易让人理解的信息,以便让接受者能够更好地吸收、学习或欣赏。

第一节　生成式人工智能(GAI)
引发智能传播革命

以 ChatGPT(chat generative pretrained transformer)为代表的人工智能生成内容(artificial intelligence generated content, AIGC)的出现及

快速传播，正在引发一场遍及全球范围的智能传播革命。GAI 具有卓越的自然语言处理能力和文本生成能力。这使得 GAI 具有广阔的应用前景，任何需要生成内容的场合，如新闻出版、社交媒体、教育、医疗、法律、金融、商业等领域都可以利用 AIGC 技术来提高生产力和效率。GAI 应用于新闻传播领域，将极大地提升信息传播的效率深度和广度，为信息传播带来更多的赋能作用。

第一，提升信息传播的效率和精准性。首先，GAI 具有自主生成内容的能力，将其应用于新闻传播领域，可大幅提升信息传播效率。其次，基于大模型的 GAI 具有强大的信息检索能力，能够快速地从海量数据中提取有用信息，从而大幅提升人们信息处理的效率。最后，GAI 能够基于用户的需求，生成具有个性化的信息内容，更好地满足用户的需求，从而提高信息传播的精准性。

第二，增强信息传播的深度。GAI 是一种基于深度学习技术的大语言模型（large language models，LLMs），在语言理解和生成数据方面表现出卓越的能力[1]，可以发现数据背后蕴含的丰富信息，捕捉数据的分布特征，发现不同数据类型之间的内在关联，并在此基础上创造出新的样本。

AIGC 所具有的智能内容生成能力将大大丰富人类的知识体系。一方面，基于深度学习技术的大模型不仅可以提供事实信息，还可以生成各种观点、意见、建议，从而能够参与到与用户的交互活动中。GAI 所具有的高度智能化和个性化能力使其能够更好地理解用户的需求，提供符合用户期望的信息，甚至可以帮助用户思考问题、辅助决策等。因此，对于个人用户来说，GAI 已不仅是一个信息查询的工具，还是一个能与自己深度交互、帮助自己思考和学习的智能助手。另一方面，GAI 已开始参与到整个社会知识体系的运作中，正在生成各种各类型的知识和内容，如新闻资讯、广告文案、代码、商业海报、论文、报告、图形图像、音视频素材等，这

---

[1] 陈光，郭军.大语言模型时代的人工智能：技术内涵、行业应用与挑战[J].北京邮电大学学报，2024，47(4)：20-28.

些内容在公共领域的传播将触达更广泛的人群,进而在对社会观念和形态带来影响。从新闻报道的生成到公众舆论的引导,GAI 正日益成为社会舆论的重要参与者和影响者。"ChatGPT 已经展现出从个人知识向公共知识传播演化的过程……当机器生成的知识成为公共知识,成为公共对话、讨论和社会运作的资源,必然对公共舆论、公共交往与公共生活产生重要影响"①。

第二节　生成式人工智能(GAI)下人际关系的变化

GAI 因具有强大的语言理解和内容生成能力,故而在新闻、出版、教育、医疗、金融、生活服务等众多行业和领域中得到应用。GAI 的应用不仅提升了生产效率,降低了人力成本,还改变了人类的生活和交往方式,为现实生活中的人际交往和社交关系产生了深远的影响。

1. 期望和依赖的变化

Mozafari 等人的研究(2020 年)表明,当人们意识到他们正在与机器人互动时,他们会降低对所给出答案的期望。在大型语言模型时代,用户希望 AI 提供的答案不但准确,而且能够为复杂而专业的问题提供深入和正确的分析。这包括为事实问题提供准确的答案,并根据数据和逻辑为分析性问题提供合理的解释。AI 与用户互动的增加和响应的准确性可能会使用户发现 AI 更值得信赖,他们可能会更加依赖 AI 的建议进行决策。这些决策涵盖从日常决定到重大人生选择的各个方面。

2. 更深的情感联系

当人工智能可以模拟人类的情感过程,对人类情感进行理解并做出

---

① 方兴东,钟祥铭.谷登堡时刻：Sora 背后信息传播的范式转变与变革逻辑[J].现代出版,2024(3)：1-15.

响应时，用户可能会感受到更大的亲密感和情感联系。这种情感联系可能会增加用户对 AI 的信任，人们将更愿意与机器交流和分享个人信息。机器识别和模仿人类情绪反应的能力可能会导致人们对它们形成情感依恋。这种联系可能类似于人与宠物之间的关系，甚至在某些方面类似于人类之间的关系。例如，情感机器人可以给人们提供安慰、鼓励和陪伴服务，帮助人们缓解孤独和焦虑。在医疗和护理领域，这种机器可用于提供情感支持、协助治疗，甚至帮助患者管理情绪。

3. 更强的社交互动

情感机器旨在更好地融入人类的社会和文化活动，因此，它们可以参与日常对话、社交活动，并在一定程度上理解和遵循社会规范。它们的在场可以增强社交场合的体验，提供有趣的互动，并促进社交关系。对于那些在社交场合感到不舒服或有社交恐惧症的人来说，情绪机器可以作为过渡对象，帮助他们逐渐适应人际互动。

第三节　生成式人工智能(GAI)给传播
带来的深刻变革

GAI 重构了人类的知识生产方式和思维方式，促进了跨学科的融合和创新方法的变革。AI 在自主学习和自主决策方面的新突破，为持续创新创造了新的机会。以 ChatGPT 为代表的 GAI 是一种基于深度学习构架和自然语言处理技术的大语言模型，它基于海量的语料库进行训练，能够模拟人的语言逻辑和思维结构自主生成具有一定逻辑性和连贯性的语言文本。由于其在自然语言处理方面表现出色，AIGC 已在教育、医疗、金融、交通、新闻、传播、商业等多个行业领域得到广泛应用。

首先，AIGC 技术的进步深刻改变了知识的生产方式。从专业生成内容（professionally generated content，PGC）到用户生成内容（user generated content,UGC)再到 AIGC,技术的发展是推动知识生产方式变革的主要驱动力。GAI 不仅改变了知识的生产范式,还深刻影响了知识的传播生态。智能媒介时代,技术已不仅仅是人类用来生产和传播知识信息的工具,技术本身已经具有了一种"拟人化"的主体身份,它可以和使用者进行"平等"的交流,甚至产生共情等心理活动。[①] 因此,AIGC 的诞生及其在媒介传播领域中的应用,打破了传统的主客体界限,重塑了媒介生态。在智能媒介生态环境中,机器和人不再是一种二元对立的结构,机器深深地嵌入主体,变成了人的一个组成部分。媒介生态逻辑也由过去的"人-人"变成了"人-机器-人"[②],在这一新的生态系统中,机器成为重构人际传播、人机传播的重要纽带。

其次,AIGC 技术的进步改变了知识的传播方式。在智能媒介范式的推动下,AIGC 对网络空间中的多个节点进行个性化内容推送,减少了信息传播的层级,人、智能机器、智能媒介环境共同构成了一个新型的内容生产与传播范式。这一变化不仅体现在内容推送的个性化和精准度上,还体现在内容传播方式的变革上。智能媒介依托智能算法和大数据分析,能够对用户进行精准画像,进而实现内容的精准匹配和高效传播,从而极大地提高信息传播效率和用户参与度。与此同时,GAI在与用户的交互中,还能及时收集用户的信息反馈,从而帮助相关机构有针对性地制订更加有效的传播与沟通策略,为部门决策提供咨询和参考。

当下,基于自然语言生成(natural language generation,NLG)的技术变革正在成为引领新一轮创新的催化剂。目前各个行业正在加速 AIGC产品落地。AIGC 驱动的自然语言生成技术不仅能够自动生成文本、图片,代码,还能生成音视频等多媒体内容,这极大地提升了内容创作的效

① 姜泽玮.功能局限、关系嬗变与本体反思:人机传播视域下 ChatGPT 的应用探讨[J].新疆社会科学,2023,(04):146-153.

② 杨雅,滕文强,杨嘉仪.流动·互塑·共生:AGI 时代"人-机"关系新范式[J].社会治理,2023,(04):32-40.

率,降低了内容生产的成本。AIGC 应用于内容生产,推动了跨媒介叙事的融合,从而创造出更加丰富和互动性更强的用户体验。此外,依托海量数据的支撑和大数据的支持,AIGC 能够从海量数据中挖掘出有价值的信息,帮助企业开发新的产品、设计新的营销策略和构建新的商业模式。

第二章

"融合与共创"：AIGC 时代的内容生产

随着 AIGC 技术的迅猛发展,内容生产与传播的格局正经历着前所未有的变革。本章将深入探讨 AIGC 时代内容生产的融合与共创,回顾媒介内容生产模式的嬗变历程,分析 AIGC 技术如何赋能媒介内容生产,实现从自动化到智能化的深度转型。我们还将关注人机协同共创的新生态,探讨内容生产与传播的深度融合如何重塑传播格局,以及这种变革带来的机遇与挑战。从内容形式的多样化与个性化,到商业模式的创新与盈利点的拓展,AIGC 技术正引领着内容生产行业的转型升级。然而,随之而来的伦理、法律与技术问题也不容忽视。本章旨在全面剖析 AIGC 时代内容生产的现状与未来,并提供深入思考和探索的空间,共同迎接这个充满无限可能的新时代。

第一节　媒介内容生产模式的嬗变与发展

在探讨 AIGC 时代的内容生产之前,我们首先需要回顾并理解媒介内容生产模式的嬗变历程。传统上,内容生产高度集中于少数专业机构和媒体手中,他们通过严格的采编流程,将信息传递给广大受众。这一模式的核心在于信息的"把关"与"筛选",确保了内容的权威性和准确性,但同时也限制了内容的多样性和时效性。

随着互联网技术的兴起,尤其是 Web 2.0 时代的到来,内容生产模式发生了深刻变革。用户生成内容(user generated content,UGC)的兴起,使得每个人都能成为信息的生产者和传播者,内容生产逐渐走向去中心化和多元化。社交媒体、博客、论坛等平台的兴起,为用户提供了展示自我、分享观点的舞台,极大地丰富了内容生态。

然而,UGC 的泛滥也带来了信息过载、质量参差不齐等问题。在此背景下，AIGC 技术的出现，为内容生产模式带来了新的可能性。AIGC 不仅能够自动化生成高质量的内容，还能与人类创作者协同工作，共同创造更具创新性和个性化的内容。这一变革不仅提高了内容生产的效率，还拓宽了内容的边界，使得内容生产更加智能化、个性化和精准化（见图 2.1）。

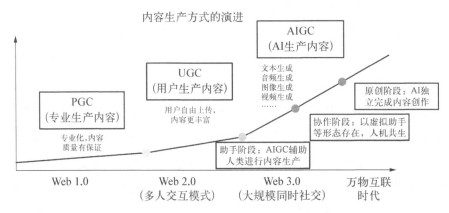

图 2.1 从 UGC 到 AIGC 的发展历程

一、传统内容生产模式的局限与挑战

1. 工业化生产模式下的内容制造

在 AIGC 兴起之前，媒介内容生产深受工业化生产模式的影响。这种模式起源于制造业，强调标准化、流程化和规模化生产，旨在通过明确的分工和高效的管理来降低成本、提高效率。新闻、影视、出版等行业纷纷采纳这一模式，构建了从信息采集、编辑加工到成品发布的完整生产线。

（1）标准化与同质化[①]。工业化生产模式下的内容制造往往追求统一的风格和格式，以满足大众市场的普遍需求。然而，这种追求标准化的做法也导致了内容的高度同质化，缺乏个性和差异性，难以满足用户日益增长的多元化需求。例如，新闻报道中常见的"模板化"写作方式，虽然保

---

① 姜靖.人工智能＋科技新闻业：机遇、挑战及应对[J].科技传播，2024，16（9）：153-157.

证了信息的快速传递,但牺牲了报道的深度和广度。

(2) 创作者角色固化①。在工业化生产链条中,创作者的角色被严格定义和分工,他们的工作更多是在既定框架内进行填充和优化,而非从头至尾地主导创作过程。这种角色固化限制了创作者的想象力和创造力,使得内容创作缺乏活力和新鲜感。

2. 人力密集型的生产瓶颈

传统内容生产模式高度依赖人力资源,从信息搜集的初始阶段到内容创作、编辑审核及最终发布,每一个环节都需要大量的人工参与。这种人力密集型生产方式在带来丰富内容的同时,也带来了诸多挑战。

(1) 成本高昂②。随着内容生产规模的扩大和复杂度的提升,人力成本成为制约内容生产的重要因素。高昂的人力成本不仅增加了企业的运营负担,还限制了内容生产的规模和速度。

(2) 生产效率受限③。在人力密集型生产模式下,生产效率受到人力资源有限性的限制。即使通过增加人手来扩大生产规模,也难以实现生产效率的显著提升。同时,人为因素(如疲劳、失误等)也可能导致生产效率下降。

(3) 响应速度慢④。在信息爆炸的时代背景下,市场需求变化迅速且多样。传统内容生产模式由于依赖人工操作而难以迅速响应市场需求变化,导致内容供应与用户需求之间出现脱节。

3. 版权保护与原创激励的困境

版权保护是内容生产领域不可忽视的重要议题。然而,在传统内容生产模式下,版权保护与原创激励面临着诸多困境。具体包括:

---

① 赵亮.基于媒介融合背景下的新闻传播变革探究[J].新闻传播,2023,(23)：61－63.
② 杨红娜.媒体融合背景下新闻生产方式的变革与挑战[J].记者摇篮,2020,(12)：103－104.
③ 黄晓朦.传统媒体融合发展困境及应对策略探析[J].新闻研究导刊,2023,14(1)：125－128.
④ 陈慧慧."三网融合"下的广播电视新闻内容生产研究[D].湖北：华中科技大学,2012.

（1）版权侵权频发①。由于技术手段的限制和版权保护意识的不足，传统内容生产模式下版权侵权行为频发。这不仅损害了原创作者的权益和利益，还破坏了市场的公平竞争秩序。

（2）原创动力不足②。传统内容生产周期长、成本高且回报不确定性强，使得新兴创作者面临巨大的经济压力和风险。这种不确定性导致许多创作者缺乏持续创作的动力和信心，进而抑制了内容创新的发展。

（3）激励机制不健全③。在版权保护方面，传统内容生产模式往往缺乏有效的激励机制来鼓励原创和打击侵权。这使得创作者难以获得应有的经济回报和社会认可，进一步削弱了内容创新的积极性。

二、AIGC 时代的媒介内容生产模式革新

1. 技术赋能：从自动化到智能化的深度转型

随着科技的飞速发展，AIGC 技术正逐步成为媒介内容生产领域的核心驱动力。这一技术的出现不仅标志着内容生产模式从传统的工业化、人力密集型向自动化、智能化转型，更预示着内容创作与分发的新时代的到来。

深度学习、自然语言处理（natural language processing，NLP）和计算机视觉等技术的融合应用，使得 AI 能够模拟人类的创作过程，生成高质量、多样化的文本、图像和视频内容。这一过程不仅仅是简单的自动化操作，更是 AI 对内容创作逻辑的深刻理解和创新应用。AI 通过分析用户偏好、市场趋势、情感倾向等多维度数据，能够智能地调整内容策略，确保生成的内容既符合用户需求，又具备高度的针对性和吸引力。

此外，AIGC 技术还具备持续学习和自我优化的能力。随着数据的不

---

① 余凤婷,沙家辉.数字版权保护：挑战与应对策略[J].法学（汉斯）,2024,12（1）：303 - 311.
② 白宇琦.从创作到异化：新媒体工具中内容生产者的数字劳动[J].科技传播,2024,16（5）：118 - 121.
③ 段丰乐.版权保护共享共治的地方性制度构建路径研究.时代人物,2022,（35）：128 - 130.

断积累和算法的不断迭代，AI 能够不断提升其创作水平和效率，为内容生产者提供更加精准、高效的创作支持。这种智能化的生产方式，不仅降低了内容生产的成本和时间，还极大地提升了内容的质量和多样性，为受众带来了更加丰富、个性化的文化体验①。

2. 人机协同：共创内容新生态的无限潜能

在 AIGC 时代，人机协同成为内容生产领域的新常态。AI 不再只是辅助工具，而是作为创作伙伴与创作者共同参与到内容生产的全过程中。这种协同模式不仅打破了传统内容生产中的界限和限制，还极大地拓宽了内容创作的边界和可能性。

一方面，创作者可以充分利用 AI 的数据处理能力、创意生成能力等优势，快速获取灵感、优化创作方案（见图 2.2）。AI 能够分析海量的数据资源，为创作者提供丰富的素材和创意灵感；同时，AI 还能通过模拟不同风格的创作手法和表达方式，为创作者提供多样化的创作选择。这种智能化的辅助服务，不仅提高了创作者的创作效率和质量，还激发了他们的创作热情和创造力②。

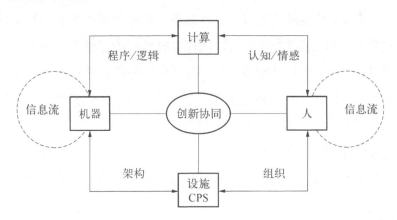

图 2.2 人机协同创新模式

① 叶妮,喻国明.基于 AIGC 延展的创新性内容生产：场景,用户与核心要素[J].社会科学战线,2023,(10)：58 - 65.
② 李思蕊.AIGC 与人类创作者的协同创作模式探析[J].视听,2023,(11)：106 - 109.

另一方面，AI 也能通过学习创作者的创作风格和偏好，提供更加个性化的辅助服务。首先，AI 能够分析创作者的创作历史和作品特点，理解其创作风格和审美偏好；然后，根据这些分析结果，为创作者提供更加符合其个人风格和偏好的创作建议和支持。这种人机协同的创作模式，不仅促进了创作者与 AI 之间的深度互动和合作，还推动了内容生态的多元化和个性化发展[①]。

3. 内容生产与传播的深度融合：重塑传播格局

AIGC 技术的应用不仅改变了内容生产的方式和流程，还促进了内容生产与传播的深度融合。这种深度融合既提高了内容传播的效率和质量，又为内容生产者提供了更多元化的盈利模式和商业价值实现途径。

一方面，AI 能够基于用户行为数据、社交关系网络等信息，实现内容的精准推送和个性化分发。通过分析用户的浏览历史、点击行为、兴趣偏好等数据，AI 能够构建用户的个性化画像，再根据这些画像信息，为用户推荐符合其兴趣和需求的内容。这种精准推送的方式不仅提高了内容的触达率和用户满意度，还增强了内容的传播效果和影响力[②]。

另一方面，AI 生成的内容本身也具备了更强的互动性和传播力。AI 能够模拟人类的交流方式和表达习惯，生成具有情感色彩和互动性的内容。同时，AI 还能通过社交媒体、短视频平台等渠道进行广泛传播和分享。这种互动性和传播力的提升不仅激发了用户的参与热情和创造力，还形成了强大的话题效应和社交传播力[③]。

这种深度融合的传播模式不仅改变了内容传播的方式和路径，还推动了内容生产者与受众之间的深度互动和合作。内容生产者可以通过分

---

① 詹希旎，李白杨，孙建军.数智融合环境下 AIGC 的场景化应用与发展机遇[J].图书情报知识，2023，40(1)：75-85.

② 朱明，冉高飞，胡杰.基于"交管 12123"App 通安全宣传内容精准推送技术研究[J].道路交通科学技术，2023，(1)：41-43.

③ 曹曼茹，徐宏.新技术赋能，广播电台提升传播力：以广州新闻资讯广播"庆祝广州解放七十周年 AI 5G 全媒体现场直播"为例[J].视界观，2020，(16)：171-172.

析用户反馈和数据指标不断优化和调整内容策略。同时,受众也可以通过参与内容创作和传播过程成为内容生态的重要组成部分。这种双向互动和合作既促进了内容生态的繁荣和发展,又为内容生产者提供了更多元化的盈利模式和商业价值实现途径①。

三、AIGC 时代智能内容生产的机遇与挑战

1. 机遇：创新内容与商业模式的无限可能

（1）内容形式的多样化与个性化。

AIGC 技术的核心在于其强大的内容生成能力,能够基于海量数据学习并创造出多样化的内容形式。从文字、图像到视频、音频,乃至虚拟现实(virtual reality, VR)、增强现实(augmented reality, AR)等沉浸式内容,AIGC 为用户提供了前所未有的丰富体验。这种多样化的内容形式不仅满足了用户日益增长的个性化需求,还促进了跨领域文化的交流与融合。例如,AI 创作的艺术作品在画廊展出,AI 生成的新闻报道在新闻网站发布,这些创新实践正逐步成为常态。

（2）商业模式的创新与盈利点的拓展。

智能内容生产不仅丰富了内容形式,还催生了新的商业模式和盈利点。个性化内容订阅服务成为媒体行业的新宠,通过 AI 分析用户的兴趣偏好,精准推送定制化的内容,提高了用户黏性和付费意愿。同时,智能广告推送系统利用大数据和算法优化广告展示,实现了广告效果的最大化,为广告主和媒体平台带来了双赢的局面。此外,基于 AIGC 的 IP 孵化、内容电商等新兴业态也展现出巨大的市场潜力②。

2. 挑战：伦理、法律与技术的多重考验

（1）伦理困境：真实性、原创性与隐私保护。

---

① 陆先高.促进内容生产深度融合 构建全媒体传播格局：以光明日报的实践探索与实现路径为例[J].传媒,2020,(20)：15-17.

② 李鹏,宋西贵.AIGC 赋能图书馆阅读推广工作：机遇,挑战及实现路径[C].第十六届图书馆管理与服务创新论坛论文集,2023.

AI生成内容的真实性与原创性问题是伦理讨论的核心。一方面，AI创作的作品在外观上往往难以与人类作品区分，这引发了关于"何为原创"的深刻思考。另一方面，AI可能无意识地复制或融合已有内容，导致版权侵犯和原创性争议。此外，AI在内容生成过程中可能涉及个人隐私数据的处理[①]，如何确保数据使用的合法性和隐私保护成为亟待解决的问题（见图2.3）。

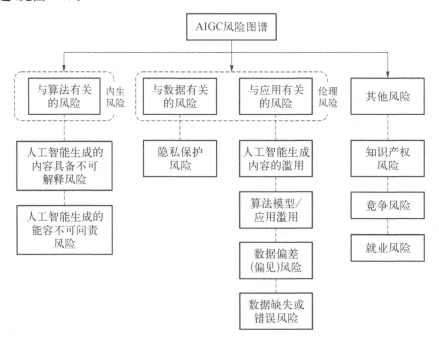

图 2.3　AIGC 伦理风险图谱

（2）法律框架的滞后与完善。

面对 AIGC 技术的快速发展，现有的法律体系显得相对滞后。如何界定 AI 生成内容的法律地位、保护原创者的权益、规范内容的使用和传播，成为法律界亟待解决的问题。一方面，需要制定新的法律法规来适应技术变革；另一方面，也需要对现有法律进行修订和补充，以确保其有效性和适用性。

---

① 韩婧,石磊.AIGC 背景下的知识产权保护与制度创新[J].科技与出版,2024(7)：5.

（3）技术局限性与不确定性。

尽管 AIGC 技术取得了显著进展，但仍存在诸多局限性和不确定性。算法偏见是其中之一，AI 在内容生成过程中可能受到训练数据的影响，产生偏见或歧视性内容[①]。此外，数据隐私保护也是一大挑战，如何在保证内容生成质量的同时，有效保护用户隐私数据不被滥用，是技术开发者需要重点关注的问题。

3. 应对策略与思路

（1）加强伦理指导与监管。

建立健全伦理指导原则，明确 AI 生成内容的真实性、原创性标准[②]以及隐私保护要求。同时，加强行业自律和监管力度，对违规行为进行严厉打击，维护良好的市场秩序。

（2）完善法律法规体系。

加快制定和完善相关法律法规，明确 AI 生成内容的法律地位、版权归属、使用权限等关键问题。同时，加强国际合作，共同应对跨国界的法律挑战。

（3）推动技术创新与融合。

鼓励技术创新，不断优化 AI 算法，减少算法偏见，提高内容生成的质量和多样性。同时，加强跨学科融合，将 AI 技术与艺术、文学、科学等领域深度融合，创造出更多具有创新性和有价值的内容。

（4）培养复合型人才。

面对 AIGC 时代的新挑战，需要培养一批既懂技术又懂内容、既懂法律又懂伦理的复合型人才。通过教育培训、实践锻炼等方式，提升人才队伍的综合素质和创新能力。

AIGC 时代的智能内容生产为媒体行业带来了前所未有的机遇与挑

---

① 万力勇，杜静，熊若欣.人机共创：基于 AIGC 的数字化教育资源开发新范式[J].现代远程教育研究，2023,35(5)：12-21.

② 王佑镁，王旦，王海洁，柳晨晨.基于风险性监管的 AIGC 教育应用伦理风险治理研究[J].中国电化教育，2023,(11)：83-90.

战。在享受技术带来的便利与创新的同时，我们也需要正视其背后的伦理、法律和技术问题。通过加强伦理指导与监管、完善法律法规体系、推动技术创新与融合以及培养复合型人才等措施，我们可以更好地应对这些挑战，推动智能内容生产持续健康发展，为人类社会创造更加美好的未来。

第二节　人工智能生成内容的技术机理与生成逻辑

AIGC 技术的核心在于人工智能的深度学习、自然语言处理、计算机视觉等先进技术。这些技术使得机器能够理解和分析大量数据，进而生成符合人类需求的内容。

在自然语言处理领域，基于 Transformer 结构的预训练语言模型（如 GPT 系列）展现了强大的文本生成能力[1]。这些模型通过在海量文本数据上进行训练，学会了语言的规律和模式，能够生成连贯、有逻辑的文本内容。它们不仅能够完成简单的文本填充、摘要生成等任务，还能进行创意写作、诗歌创作等更具挑战性的工作。

在计算机视觉领域，生成对抗网络（generative adversarial networks，GANs）[2]则展示了惊人的图像和视频生成能力。GANs 通过两个相互对抗的网络（生成器和判别器）的不断迭代优化，能够生成逼真的图像和视频，甚至可以实现风格的迁移和创造。这些技术为影视制作、游戏开发、广告设计等领域带来了革命性的变化。

生成逻辑方面，AIGC 内容的生成通常遵循以下几个步骤。首先，收集并分析大量的训练数据，以了解人类创作的规律和模式。其次，通过算法和模型对训练数据进行学习和训练，使机器掌握生成内容的能力。最

---

[1] 岳增营，叶霞，刘睿珩.基于语言模型的预训练技术研究综述[J].中文信息学报，2021，35（9）：15-29.

[2] 程显毅，谢璐，朱建新，胡彬，施佺.生成对抗网络 GAN 综述[J].计算机科学，2019，46（3）：74-81.

后,根据具体任务的需求,输入相应的指令或参数,由机器自动生成内容。

一、技术基础与核心算法

1. 自然语言处理(NLP)与机器学习

(1) NLP 的演进与挑战。

自然语言处理(NLP)作为人工智能的一个关键分支,其发展历程充满了挑战与突破。早期的 NLP 研究主要依赖于规则库和专家系统,这种方法在处理简单任务时表现尚可,但在面对复杂多变的自然语言现象时显得力不从心。随着计算机计算能力的提升和大数据时代的到来,机器学习,尤其是深度学习的兴起,为 NLP 带来了革命性的变化(见图 2.4)。

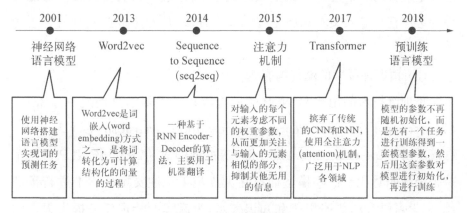

图 2.4 NLP 发展简史

深度学习通过构建多层次的神经网络,能够自动从海量数据中学习语言的层级结构和抽象特征,无需人工定义复杂的规则。这种能力使得NLP 系统在处理语义理解、情感分析、问答系统、机器翻译等任务时取得了显著进步[①]。特别是 Transformer 模型的提出,更是将 NLP 推向了一个新的高度。

(2) Transformer 模型的深度剖析。

Transformer 模型的核心在于其自注意力机制(self-attention),这一

---

① 叶符明.深度学习在自然语言处理 NLP 中的应用研究[J].信息记录材料,2021,22
(11):148-149.

机制允许模型在处理序列中的每个元素时，都能考虑序列中其他所有元素的信息，从而捕捉到长距离依赖关系。相比传统的循环神经网络（recurrent neural network，RNN）和卷积神经网络（convolutional neural network，CNN），Transformer 模型在并行计算和长文本处理上展现出了巨大优势[①]。

Transformer 由编码器（encoder）和解码器（decoder）两部分组成。编码器负责将输入文本转换为一系列隐藏状态，这些隐藏状态包含了输入文本的完整信息。解码器则利用这些隐藏状态以及已生成的文本片段，逐步生成新的文本输出。在生成过程中，自注意力机制使得解码器能够综合考虑整个输入文本和已生成的文本片段，从而生成连贯且符合语境的文本[②]。

（3）预训练技术的崛起与影响。

预训练技术的出现是 NLP 领域近年来最重要的进展之一。BERT（bidirectional encoder representations from transformers）和 GPT（generative pre-trained transformer）等模型的成功，标志着 NLP 进入了一个全新的时代。这些模型通过在大规模无标注文本数据上进行预训练，来学习语言的普遍规律和知识表示，为后续的特定任务提供强大的基础。

预训练技术的好处在于，它使得模型能够在不同任务之间迁移学习，即"一专多能"。通过在特定任务上进行微调，预训练模型可以快速适应新任务，而无须从头开始训练[③]。这种能力极大地降低了 NLP 的应用门槛，加速了 NLP 技术的普及。

---

① 张雨乐，庄夏，戴敏.基于 Transformer 架构的 GPT 系列模型训练技术分析[J].中国民航飞行学院学报，2023，34（5）：16-18.
② 卢益清，严实莲，杜朋.基于 Transformer 和 VAE 的汽车新闻文本生成研究[J].北京信息科技大学学报：自然科学版，2023，38（2）：82-87.
③ 车万翔，刘挺.自然语言处理新范式：基于预训练模型的方法[J].中兴通讯技术，2022，28（2）：3-9.

（4）机器学习与 NLP 的未来。

随着技术的不断进步，机器学习与 NLP 的融合将更加深入。一方面，新的模型架构和算法不断涌现，如基于图神经网络的 NLP 模型①、多模态预训练模型②等，将进一步提升 NLP 系统的性能和应用范围。另一方面，NLP 技术也将与更多领域相结合，如医疗健康、金融、法律、新闻传播等，为这些领域带来智能化转型和效率提升。

2. 生成模型与生成对抗网络（GAN）

（1）生成模型的多样性与重要性。

生成模型是机器学习中的一个重要分支，其核心目标是从已学数据中生成新的、未见过的数据样本。生成模型在多个领域都有广泛应用，如图像生成、语音合成、文本创作等。其中，生成对抗网络（generative adversarial network，GAN）因其独特的竞争合作机制而备受关注。

（2）GAN 的深入解析。

GAN 由生成器（generator）和判别器（discriminator）两个网络组成。生成器的任务是生成尽可能接近真实数据的新样本，而判别器的任务则是区分输入数据是真实样本还是由生成器生成的假样本。这两个网络通过相互对抗和协作，不断优化自身性能，最终达到一种动态平衡状态。

GAN 的优势在于其能够生成高质量、多样化的数据样本。通过不断调整生成器和判别器的参数，GAN 可以逐渐学习到数据的分布规律，并生成符合这一规律的新样本。这种能力使得 GAN 在图像生成、风格迁移、超分辨率重建等领域取得了显著成果。

（3）变分自编码器（VAE）与自编码器（AE）的补充。

变分自编码器（variational auto encoder，VAE）和自编码器（AE）虽然不直接属于 GAN 范畴，但它们在生成模型中同样扮演着重要角色。

---

① 陈雨龙，付乾坤，张岳.图神经网络在自然语言处理中的应用[J].中文信息学报，2021，35（3）：1-23.

② 吴友政，李浩然，姚霆，何晓冬.多模态信息处理前沿综述：应用，融合和预训练[J].中文信息学报，2022，36（5）：1-20.

VAE 通过引入概率图模型的思想，将输入数据编码为低维的潜在表示，并通过解码器恢复原始数据或生成新样本。VAE 在生成数据多样性方面表现出色，能够生成与真实数据具有相似分布的新样本。

自编码器（autoencoder，AE）则是一种更为基础的无监督学习模型。它通过编码器将输入数据压缩成低维表示，再通过解码器恢复原始数据。虽然 AE 本身不直接用于生成新数据，但其低维表示能力为后续的生成模型提供了重要支持。通过结合 AE 和生成模型的思想，可以构建更加复杂和强大的生成系统。

（4）生成模型的挑战与未来。

尽管生成模型在多个领域取得了显著成果，但其仍面临诸多挑战。例如，如何进一步提高生成数据的质量和多样性？如何确保生成数据在语义上的一致性和连贯性？如何更好地控制生成过程以满足特定需求？这些问题都需要未来研究进一步探索和解决。

展望未来，随着技术的不断进步和应用场景的不断拓展，生成模型将在更多领域发挥重要作用。同时，我们也期待看到更多创新性的生成模型和算法涌现出来，为人工智能的发展注入新的活力。

二、生成过程与模型优化

1. 数据预处理与模型训练的精细化实践

1）数据预处理：奠定坚实的数据基础

数据预处理是 AIGC 生成过程的基石，其质量直接影响后续模型训练的效果。这一过程包括但不限于数据清洗、整理与标注，每一步都需要细致入微。

（1）数据清洗。面对海量且复杂的原始数据，清洗工作显得尤为关键。首先，需要识别并去除无效数据，如空值、重复记录或明显错误的信息。其次，对于存在轻微错误或不一致的数据，需要进行修正或标准化处理，如统一日期格式、修正拼写错误等。此外，还需要识别并处理异常值，确保数据分布符合实际情况，避免对模型训练造成误导。

（2）数据整理。在清洗之后，数据整理旨在将数据转换为适合模型训练的形式。这可能包括数据分割（如训练集、验证集和测试集的划分）、特征提取（如文本向量化、词嵌入等）以及数据增强（如通过同义词替换、句子重组等方式增加数据多样性）。数据整理的目标是提高数据的利用率，使模型能够更有效地学习。

（3）数据标注。对于监督学习任务而言，数据标注是不可或缺的一环。标注的质量直接决定了模型的学习效果。标注工作通常涉及对文本进行分类、实体识别、情感分析等任务，要求标注者具备相应的专业知识和语言能力。为了提高标注质量，可采用多人标注、交叉验证等方式进行质量控制，并利用自动化工具辅助标注过程。

2）模型训练：迭代优化，追求卓越

模型训练是 AIGC 生成过程的核心环节，其目标是通过不断调整模型参数，使模型能够准确理解并生成高质量的内容[①]。

（1）损失函数设计。损失函数是模型优化的关键指标，它衡量了模型输出与真实数据之间的差异。在 AIGC 领域，常用的损失函数包括交叉熵损失、负对数似然损失等。针对特定任务，还可设计更复杂的损失函数，如结合语义相似度、流畅度等多维度指标的加权损失函数。通过不断优化损失函数，可以引导模型向更理想的方向学习。

（2）优化算法选择。优化算法是调整模型参数以最小化损失函数的关键工具。传统的梯度下降法及其变种（如随机梯度下降、小批量梯度下降等）在 AIGC 领域得到了广泛应用。此外，针对特定问题，还可采用更高效的优化算法，如 Adam、RMSprop 等。这些算法通过自适应调整学习率等策略，加快了模型的收敛速度并提高了训练效果[②]。

（3）模型架构与超参数调优。模型架构的选择对训练效果具有重要

① 林沛.爱芒与湖南广电 AIGC："充分场景＋优质内容"，落地芒果大模型能力[J].中国广播影视，2024，(8)：27-31.
② 李白杨，白云，詹希旎，李纲.人工智能生成内容（AIGC）的技术特征与形态演进[J].图书情报知识，2023，40(1)：66-74.

影响。在 AIGC 领域，常用的模型架构包括循环神经网络（RNN）、长短时记忆网络（long short-term memory，LSTM）、Transformer 等。这些模型各有优缺点，需要根据具体任务进行选择。同时，超参数的调优也是不可忽视的一环。通过网格搜索、随机搜索或贝叶斯优化等方法，可以找到最优的超参数组合，进一步提升模型性能。

2. 模型评估与输出优化的深度探索

1）模型评估：全面审视，精准定位

模型评估是验证模型性能的重要环节。通过评估指标的量化分析，可以全面了解模型的优缺点，为后续的优化工作提供指导。

（1）评估指标多样性。在 AIGC 领域，评估指标的选择应充分考虑生成内容的多个维度。除了传统的 BLEU、ROUGE 等指标外，还可引入语义相似度、流畅度、多样性等评价指标。这些指标能够更全面地反映生成内容的质量，为模型优化提供更有价值的参考。

（2）人类评估与自动化评估相结合。虽然自动化评估指标具有快速、客观等优点，但人类评估在评估生成内容的连贯性、逻辑合理性等方面仍具有不可替代的作用。因此，在实际应用中，应将人类评估与自动化评估相结合，以获取更全面的评估结果。

2）输出优化：精益求精，追求极致

输出优化是提升 AIGC 生成内容质量的关键步骤。通过调整生成策略和优化算法，可以进一步提高生成内容的连贯性、语法正确性和多样性。

（1）温度采样与束搜索的精细调控。温度采样和束搜索是两种常用的生成策略优化方法。在温度采样中，通过调整温度参数可以平衡生成内容的多样性和确定性。温度越高，生成的文本越随机多样；温度越低，生成的文本越确定且保守。束搜索则通过维护一个固定大小的候选序列集合，在每一步生成时选择最优的扩展路径。通过精细调控这两种策略的参数和设置，可以进一步提高生成内容的质量。

（2）引入外部知识与上下文信息。为了提高生成内容的逻辑合理性和连贯性，可以引入外部知识和上下文信息作为辅助。例如，在生成对话时，可以利用历史对话记录作为上下文信息；在生成新闻摘要时，可以引入新闻事件的相关知识库作为参考。通过将这些信息融入生成过程中，可以显著提高生成内容的准确性和相关性。

（3）后处理与润色。最后一步是对生成内容进行后处理和润色。这包括修正语法错误、调整句子结构、优化表达方式等。通过这一步骤的精细操作，可以使生成内容更加符合人类语言的表达习惯和审美标准。

AIGC 的生成过程是一个复杂而精细的系统工程。从数据预处理到模型训练、评估与输出优化，每一个环节都需要深入的理解和精细的操作。只有不断优化和完善这一过程中的各个环节，才能不断提高 AIGC 生成内容的质量和效率，为人类创造更多有价值的信息和体验。

三、内容质量与治理挑战

1. 内容质量与真实性的挑战

1）概率生成的本质局限性

AIGC 技术，尤其是基于深度学习的方法，如生成对抗网络（GANs）、Transformer 模型等，其核心在于通过大量数据的训练，使模型学习语言、图像等媒体内容的生成规律，进而实现自动化创作。然而，这种基于概率的生成方式本质上具有不确定性，难以像人类创作者那样严格遵循事实逻辑和创意构思[①]。因此，生成的内容往往存在质量参差不齐、真实性难以保障的问题。

2）缺乏事实依据的文本生成

在文本生成领域，AIGC 技术可能会生成缺乏事实依据、甚至完全虚构的文本。这些文本虽然可能在语言上流畅自然，但是在内容真实性上却大打折扣。例如，在新闻报道、历史文章等需要高度准确性的场景中，

---

① 姜莎，赵明峰，张高毅.生成式人工智能（AIGC）应用进展浅析[J].移动通信，2023，47（12）：71-78.

AIGC 生成的文本若未经严格审核，极易误导读者，损害媒体的公信力[①]。

3) 逻辑不严谨与连贯性问题

除了事实依据的缺失外，AIGC 生成的文本还常常存在逻辑不严谨、连贯性差的问题。这主要是由于模型在训练过程中，虽然能够学习到语言的表面特征，但难以深入理解文本背后的语义逻辑和上下文关系[②]。因此，在生成长文本或复杂故事时，模型往往难以保持内容的连贯性和逻辑性。

4) 治理策略：构建高质量与真实性的 AIGC 生态

面对 AIGC 内容质量与真实性的挑战，我们需要从多个维度出发，制定并实施一系列有效的治理策略，以构建一个健康、可持续的 AIGC 生态。

(1) 强化事实核查机制。

① 建立专业的事实核查团队。在 AIGC 内容生成与发布的流程中，引入专业的事实核查团队是确保内容真实性的关键[③]。这些团队应具备丰富的专业知识和严谨的工作态度，能够对生成的内容进行逐项核查，确保每一句话、每一个数据都有据可查、真实可靠。② 开发自动化事实核查工具。除了人工核查外，还应积极开发自动化的事实核查工具。这些工具可以利用自然语言处理(NLP)技术，对生成内容进行快速扫描和分析，识别并标记出可能存在的虚假信息或错误事实。虽然自动化工具无法完全替代人工核查的准确性和全面性，但它们可以大大提高核查效率，减轻人工负担。

(2) 优化用户反馈机制。

① 建立有效的用户反馈渠道。用户是 AIGC 内容的最终消费者和评

① 朱禹，陈关泽，陆泳溶，樊伟.生成式人工智能治理行动框架：基于 AIGC 事故报道文本的内容分析[J].图书情报知识，2023，40(4)：41－51.
② 全燕，张入迁.(2023).平台化知识生产的逻辑偏误与 AIGC 下的建设进路[J].南京社会科学 2023，(6)：150－160.
③ 曹联养.前置审查：学术出版应对人工智能生成内容的策略[J].出版参考，2024，(1)：27－30.

判者,他们的反馈对于提升内容质量至关重要。因此,我们需要建立有效的用户反馈渠道,鼓励用户积极表达对生成内容的看法和建议。这些反馈可以包括内容的质量评价、真实性评估、改进建议等多个方面,为模型的持续优化提供宝贵的数据支持[①]。② 利用机器学习优化用户反馈。在收集到大量用户反馈后,我们可以利用机器学习技术对这些反馈进行分析和处理。通过训练模型学习用户的偏好和评价标准,我们可以自动识别生成内容中的优点和不足,并据此对模型进行针对性的优化和改进。这种基于用户反馈的迭代优化过程可以不断提升 AIGC 内容的质量和用户满意度。

(3) 加强模型训练与评估。

① 提升模型训练数据的质量。高质量的训练数据是生成高质量内容的基础。因此,在训练 AIGC 模型时,我们应当注重提升训练数据的质量。这包括去除冗余和无效数据、修正错误和异常值、增强数据多样性和代表性等。通过优化训练数据的质量和分布,我们可以使模型学习到更加准确和全面的语言规律和知识结构。② 引入多模态评估指标。传统的评估指标如 BLEU、ROUGE 等往往侧重于文本的表面特征和相似度计算,难以全面反映生成内容的真实性和质量。因此,我们需要引入更多元化的评估指标来全面评价 AIGC 内容的性能。这些指标可以包括语义相似度、逻辑连贯性、事实准确性等多个方面,以实现对生成内容的多维度评估和优化[②]。

(4) 推动行业自律与标准制定。

① 加强行业自律。AIGC 技术的健康发展离不开行业的自律和规范。我们应积极推动 AIGC 行业的自律组织建设,制定行业规范和道德准则,引导企业和个人遵守法律法规和社会公德,共同维护行业的良好形

---

① 段永杰,李彤.数字出版中 AIGC 生成物的应用场景及其伦理规制[J].出版科学,2023,31(6)：84 - 93.

② 翟尤,李娟.AIGC 发展路径思考：大模型工具化普及迎来新机遇[J].互联网天地,2022,(11)：22 - 27.

象和声誉①。② 参与国际标准制定。随着 AIGC 技术的全球化发展,制定统一的国际标准对于促进技术的交流和合作具有重要意义。我们应当积极参与国际标准的制定工作,借鉴国际先进经验和技术成果,推动 AIGC 技术在全球范围内的规范化和标准化发展。

2. 算法偏见与公平性挑战

1) 成因分析

算法偏见主要根源于训练数据的局限性。网络文本语料库作为 AI 模型学习的基础,其构成往往反映了现实社会的复杂性和多样性,但同时也不可避免地携带了社会中的偏见和歧视。这些偏见可能源于历史遗留问题、社会结构的不平等、媒体报道的偏向性、社会文化的刻板印象等多种因素②。当这些带有偏见的数据用于训练模型时,模型就会在"学习"过程中吸收并放大这些偏见,从而在生成内容或做出决策时表现出不公平性。

2) 影响剖析

算法偏见的影响是多方面的,且往往具有深远的社会后果。首先,它可能加剧社会不平等,导致某些群体在就业、教育、医疗等领域遭受不公平待遇。例如,在招聘系统中,如果模型倾向于推荐与特定性别、种族或年龄群体相关的候选人,那么其他群体就可能面临更高的就业门槛。其次,算法偏见还可能损害个人权益,侵犯个人隐私。在司法系统中,如果量刑决策依赖于带有偏见的算法,那么无辜者可能因此受到不公正的惩罚,而犯罪者则可能逃脱法律的制裁。此外,算法偏见还可能破坏社会信任,当公众意识到这些系统存在偏见时,他们可能会对技术产生怀疑,甚至抵制其应用,从而阻碍 AI 技术的健康发展③。

3) 治理策略的深度探讨

面对算法偏见与公平性的挑战,我们需要从多个维度出发,制定并实

① 王鹏涛.AIGC 出版背景下知识生产合规化困境与调适[J].编辑之友,2024(3):14-22.
② 栾轶玫.AIGC 在新闻生产中的风险控制[J].视听界,2023,(4):129-129.
③ 徐伟东.算力加持,知识变轨:AIGC 助推新闻业范式革命[J].视听,2023,(11):14-17.

施一系列有效的治理策略。以下是对两种策略（数据多样性和公平性评估）的深入探讨。

（1）数据多样性：构建全面、均衡的训练数据集。

数据多样性是减少算法偏见的关键。为了实现这一目标，我们需要从以下几个方面入手：① 广泛收集数据。除了传统的网络文本资源外，还应当积极利用社交媒体、政府公开数据、学术研究等多种渠道，广泛收集来自不同背景、不同群体的数据。这些数据应涵盖多种语言、文化、地域、社会阶层等，以确保训练数据集的全面性和多样性[1]。② 数据清洗与预处理。在收集到大量数据后，需要进行严格的数据清洗和预处理工作，以去除冗余、无效或带有明显偏见的数据。同时，还需要对数据进行匿名化处理，以保护个人隐私。③ 平衡数据分布。在构建训练数据集时，应当特别注意数据分布的平衡性。对于少数群体或边缘化群体，应适当增加其样本数量，以避免模型在训练过程中忽视这些群体的特征和需求。④ 引入专家意见[2]。在数据收集和预处理过程中，可以邀请相关领域的专家参与，以确保数据的准确性和代表性。专家意见可以帮助我们更好地识别潜在的偏见和歧视问题，并采取相应的措施进行纠正。

（2）公平性评估：开发科学的评估体系与机制。

公平性评估是发现和纠正算法偏见的重要手段[3]。为了实现这一目标，我们需要从以下几个方面入手：① 定义公平性指标。首先，需要明确什么是公平性，并据此定义一系列可量化的评估指标。这些指标可以包括不同群体间的预测准确率差异、错误率差异、特征重要性差异等。通过

---

① 卢金燕，孙璐.变革，局限，未来：人工智能嵌入下的新闻生产：以 ChatGPT 为例[J].新闻潮，2024,(5)：13-16.

② 周鸿，熊青霞.AIGC 赋能媒介生产的机遇，隐忧与应对[J].传播与版权，2024,(2)：35-38.

③ 杨善林，李霄剑，张强，莫杭杰，彭张林，焦建玲等.AIGC 的科学基础[J].工程管理科技前沿，2023,42(6)：1-14.

这些指标，我们可以对模型的公平性进行客观、全面的评估。② 开发评估工具与方法。在定义了公平性指标后，需要开发相应的评估工具和方法。这些工具和方法应具备高效、准确、可重复的特点，能够自动对生成内容进行公平性评估，并生成详细的评估报告。同时，还需要考虑评估的实时性和动态性，以便及时发现并纠正潜在的不公平问题。③ 建立反馈与迭代机制。公平性评估不是一次性的工作，而是一个持续迭代的过程。我们需要建立有效的反馈机制，鼓励用户报告他们在使用系统时遇到的不公平现象。同时，还需要建立迭代优化机制，根据评估结果和用户反馈对模型进行持续优化和改进，以提高其公平性和可信度。④ 加强跨学科合作。算法偏见与公平性问题涉及多个学科领域的知识和技能。因此，我们需要加强跨学科合作，邀请计算机科学、法学、社会学、心理学等领域的专家共同参与研究和治理工作。通过跨学科合作，我们可以更加全面地理解算法偏见的成因和影响，制定更加科学、有效的治理策略。

3. 虚假信息传播的风险挑战

1）成因分析

（1）人类反馈的不确定性。

在强化学习框架下，模型通过接收人类的反馈来优化其行为。然而，人类的反馈并非总是准确无误的。受主观判断、误导性信息或偏见的影响，人类可能给出错误或虚假的反馈。当这些反馈被模型学习时，它们就可能成为模型生成虚假内容的基础[①]。

（2）模型学习机制的局限性。

当前的 AI 模型在理解和区分真假信息方面仍存在局限性。它们往往只能根据输入的数据进行模式识别，而无法深入理解信息的内在逻辑

---

① 郭京，高红波.协同和延伸：人工智能赋能媒体信息传播的逻辑与趋向[J].新闻爱好者，2021,(9)：50－53.

和真实性[①]。因此，在接收到错误或虚假数据时，模型容易"照单全收"，并据此生成相似的内容。

（3）信息传播网络的复杂性。

在社交媒体等平台上，信息的传播具有高度的复杂性和不可预测性。虚假信息一旦生成并发布到网络上，就可能迅速扩散，形成难以控制的态势。这种快速传播不仅增加了治理的难度，还可能引发一系列负面后果。

2）治理策略的深度拓展

（1）监督学习的强化。

① 高质量标注数据的构建。为了确保模型学习到正确的信息和规律，需要构建高质量的标注数据集。这些数据集应包含丰富的真实世界场景和多样化的信息类型，以便模型能够全面、准确地理解各种情境下的信息真实性。② 动态监督机制的引入。在模型训练过程中，应当引入动态监督机制。这意味着不仅要对初始数据集进行标注和监督，还要在模型生成内容后进行实时评估和调整。通过不断迭代和优化监督信号，可以确保模型始终保持对真实信息的敏感性和准确性[②]。

（2）内容过滤技术的创新。

① 多模态内容识别。针对虚假信息的多样性和复杂性，需要开发能够处理多模态内容（如文本、图像、视频等）的过滤机制。这些机制应当能够综合运用自然语言处理、计算机视觉和音频处理等技术手段，对生成内容进行全面、深入的分析和评估。② 实时过滤与审核。为了确保虚假信息不被传播到网络上，需要开发高效的实时过滤和审核系统。这些系统应具备快速响应、高准确率和低误报率的特点，能够在信息发布的第一时间进行拦截和审核。同时，还需要建立完善的审核流程和标准体系，确保

---

① 柴亚楠，张聪.技术风险与规范重构：AIGC 模式下的新闻伦理体系[J].北京印刷学院学报，2024,32(5)：40-45.

② 祝智庭，戴岭，胡姣.高意识生成式学习：AIGC 技术赋能的学习范式创新[J].电化教育研究，2023,44(6)：5-14.

审核结果的公正性和权威性。③ 社区参与与举报机制。除了技术手段外，还应鼓励社区成员积极参与虚假信息的治理工作。通过建立便捷的举报渠道和激励机制，可以激发公众的积极性和参与度，形成全社会共同抵制虚假信息的良好氛围。

四、未来展望

1. 技术融合与创新的深度探索

（1）跨领域技术融合。

AIGC 与计算机视觉技术的结合，使得图像、视频内容的生成达到了前所未有的高度。通过深度学习算法对海量图像数据的分析学习，AIGC 能够创造出逼真甚至超越现实的视觉场景，为影视制作、游戏开发、虚拟现实等领域带来革命性变化。同时，音频合成技术的融入，让 AIGC 生成的声音更加自然流畅，无论是人物对话、环境音效还是背景音乐，都能达到以假乱真的效果，极大地丰富了多媒体内容的沉浸感和真实感[1]。

（2）深度学习与强化学习的双重驱动。

随着深度学习技术的不断突破，AIGC 的生成模型在理解复杂数据、捕捉微妙特征方面展现出惊人的能力。通过构建更加深层、更加精细的神经网络，AIGC 能够学习到更加丰富的语义信息和上下文关系，从而生成更加连贯、富有逻辑性的内容。而强化学习技术的引入，则让 AIGC 在生成过程中能够不断试错、优化策略，根据用户反馈和预设目标自动调整生成策略，实现内容生成的个性化与智能化[2]。

（3）创新应用模式的涌现。

技术融合不仅提升了 AIGC 的生成能力，还催生了众多创新应用模

---

① 季涛频.5G＋AIGC＋元宇宙数智赋能智慧博物馆构建绿色创新发展新模式[J].工业建筑,2023,53(7)：I0005－I0005.

② 张夏恒,马妍.生成式人工智能技术赋能新质生产力涌现：价值意蕴,运行机理与实践路径[J].电子政务,2024,(4)：17－25.

式。例如,结合自然语言处理与知识图谱技术①,AIGC 能够基于海量知识库自动生成科普文章、教育课件等高质量内容,满足个性化学习需求。在医疗领域,AIGC 可以辅助医生撰写病历报告、制订治疗方案,提高医疗服务的效率和质量。此外,AIGC 在时尚设计、建筑设计等领域的应用也展现出巨大潜力,通过智能生成设计方案,为创意产业注入新的活力(见图 2.5)。

图 2.5 AIGC 创新应用场景

2. 应用场景拓展

AIGC 技术作为现代科技的一颗璀璨明珠,正以前所未有的速度渗透到社会经济的各个角落,引领着一场内容创作与传播的深刻革命。其广泛的应用场景不仅展示了技术的强大潜力,更预示着一个充满无限可能的新时代的到来。

(1)新闻传播领域的革新。

在新闻传播领域,AIGC 技术的应用彻底颠覆了传统的新闻生产方式。传统的新闻写作依赖于记者的采访、调查和撰写,而 AIGC 技术则能够通过自然语言处理、机器学习等先进技术,自动从海量数据中提取关键

---

① 孙伟,李一,马永强.基于自然语言处理技术的知识图谱构造方法研究[J].集宁师范学院学报,2023,45(5):94-97.

信息,生成新闻稿件和摘要。这不但极大地提高了新闻的生产效率,而且能够在突发事件发生时迅速响应,为公众提供及时、准确的信息[①]。此外,AIGC 技术还能根据读者的兴趣偏好和阅读习惯,提供个性化的新闻推荐[②],进一步提升用户体验。随着技术的不断进步,未来我们或许将见证一个由 AIGC 技术驱动的全天候、全球化新闻生态系统的形成。

(2) 文学创作领域的飞跃。

在文学创作领域,AIGC 技术同样展现出了惊人的创造力。传统的文学创作依赖于作家的灵感、才华和长时间的构思与打磨,而 AIGC 技术则能够通过学习海量的文学作品,掌握不同风格、不同题材的创作技巧,为作家提供灵感来源和创作辅助[③]。例如,它可以生成小说大纲、情节桥段、角色设定等初步的创作素材,帮助作家快速进入创作状态。同时,AIGC 技术还能根据作家的创作风格和需求,进行智能润色和修改,使作品更加完善。虽然目前 AIGC 技术还无法完全替代人类作家的创造力,但它无疑为文学创作带来了前所未有的便利和可能性。

(3) 广告营销领域的个性化定制。

在广告营销领域,AIGC 技术的应用更是为广告主和消费者带来了双赢的局面。传统的广告制作往往依赖于创意人员的想象力和设计能力,而 AIGC 技术则能够通过分析消费者的行为数据、兴趣偏好等信息,自动生成个性化的广告文案和创意。这种基于大数据的智能推荐系统能够确保广告内容更加贴近消费者的需求和心理,提高广告的点击率和转化率。同时,AIGC 技术还能实现广告的自动化投放和优化,降低广告成本,提高营销效率。随着技术的不断发展,未来我们或许将看到更加精准、更加个性化的广告营销策略的诞生。

---

① 叶妮,喻国明.基于 AIGC 延展的创新性内容生产：场景,用户与核心要素[J].社会科学战线,2023,(10)：58-65.
② 陈小燕.交互性视阈下 AIGC 时代算法传播的转型研究[J].江淮论坛,2024,(1)：55-61.
③ 高旭辰,叶辉.生成式人工智能在文学艺术创作中的语义形式与文化传播研究[J].新楚文化,2024,(19)：57-60.

（4）应用场景的未来展望。

AIGC 技术的广泛应用不仅推动了上述领域的革新和发展，更为其他领域带来了无限可能。例如，在教育领域，AIGC 技术可以生成个性化的学习资源和教学方案；在医疗领域，它可以辅助医生进行疾病诊断和治疗方案的设计；在娱乐产业中，它可以为电影、音乐、游戏等提供创新的创作灵感和表现形式。可以预见的是，随着技术的不断进步和应用场景的不断拓展，AIGC 技术将在更多领域发挥重要作用，推动社会经济的全面进步和发展。

然而，AIGC 技术的发展也面临着诸多挑战和问题。如何确保技术的健康、有序发展？如何平衡技术进步与社会伦理、法律法规之间的关系？这些问题都需要我们深入思考和探索。只有建立起完善的治理框架和监管机制，才能确保 AIGC 技术在为社会带来便利和效益的同时，不违背社会公德和伦理道德，真正实现技术与社会的和谐共生。

3. 治理框架构建

为了确保 AIGC 技术能够健康、有序地服务于社会，构建一个全面、多维度的治理框架显得尤为迫切和重要。这一框架不仅需要涵盖技术标准、法律法规、伦理规范等核心要素，还需要促进国际合作与交流，共同应对技术革新带来的挑战与问题。

（1）技术标准的制定与统一。

技术标准的制定是治理框架的基石。在 AIGC 领域，技术标准应涵盖内容生成的质量标准、数据交换的互操作性标准以及技术安全性的评估标准等①通过制定统一的技术标准，可以确保不同平台、不同系统之间生成的 AIGC 内容能够兼容互通，避免出现信息孤岛现象，促进技术的广泛应用与普及。同时，技术标准还应关注技术的可解释性、透明度和可控性，确保 AIGC 技术的决策过程能够被人类理解和监督，防止技术滥用和

---

① 蔡琳，杨广军.人工智能生成内容（AIGC）的作品认定困境与可版权性标准构建[J].出版发行研究,2024,(1)：67-74.

误用。

（2）法律法规的完善与落实。

法律法规是治理框架的重要保障。针对 AIGC 技术可能引发的版权纠纷、隐私泄露、虚假信息传播等问题，需要加快相关法律法规的制定和完善。一方面，要明确 AIGC 内容的法律地位和责任归属，界定创作者、平台、用户等各方的权利与义务。另一方面，要加大对违法行为的打击力度，提高违法成本，形成有效的法律震慑。此外，还应加强法律法规的宣传教育，提高公众的法律意识和自我保护能力。

（3）伦理规范的引导与约束。

伦理规范是治理框架的软性约束[①]。AIGC 技术的快速发展带来了许多伦理道德上的挑战，如内容创作的道德底线、人类价值观的体现等。因此，需要建立健全伦理规范体系，引导 AIGC 技术的健康应用。伦理规范应强调尊重原创、保护隐私、维护社会公序良俗等基本原则，明确技术应用的道德边界。同时，还应加强伦理规范的宣传教育和监督执行，确保 AIGC 技术在服务人类的同时，不违背社会公德和伦理道德。

（4）国际合作与交流的加强。

AIGC 技术的全球化趋势要求加强国际合作与交流。不同国家和地区在 AIGC 技术的发展水平、应用场景、治理策略等方面存在差异，需要通过国际合作来共同应对技术革新带来的挑战与问题。国际合作可以包括技术标准的协调统一、法律法规的相互借鉴、伦理规范的共同制定等方面。通过加强国际合作与交流，可以推动 AIGC 技术的全球治理体系不断完善，促进技术的健康、有序发展。

（5）公众参与与监督机制的建立。

公众参与是治理框架的重要组成部分。AIGC 技术的发展与应用直接关系公众的切身利益，因此需要建立有效的公众参与机制，让公众参与

---

① 段永杰，李彤.数字出版中 AIGC 生成物的应用场景及其伦理规制[J].出版科学，2023，31(6)：84-93.

到治理过程中来。可以通过设立公众咨询委员会、开展公众意见征集等方式，广泛听取公众的意见和建议。同时，还应建立监督机制，对 AIGC 技术的应用情况进行定期评估和检查，确保技术应用的合法合规和伦理道德①。

构建完善的 AIGC 技术治理框架是一个复杂的系统工程，需要政府、企业、学术界、公众等多方共同努力。通过制定统一的技术标准、完善法律法规、建立伦理规范、加强国际合作与交流以及建立公众参与与监督机制等措施，可以确保 AIGC 技术在健康、有序的环境中不断发展壮大，为社会经济和文化的发展贡献更大的力量。

第三节 生成式人工智能(GAI)内容生产的转型升级

AIGC 技术的快速发展正推动内容生产行业的转型升级。首先，AIGC 技术显著提高了内容生产的效率。相比传统的人工创作方式，AI 可以在短时间内生成大量高质量的内容，满足快速变化的市场需求。这不仅降低了内容生产的成本，还加快了内容更新的速度，使得内容生态更加活跃和丰富。

其次，AIGC 技术为内容创作带来了更多的可能性。AI 能够跨越人类思维的局限，创造出全新的内容形式和风格。例如，AI 可以生成超越人类想象力的艺术作品、设计独特的广告创意、编写引人入胜的小说情节等。这些创新性的内容不仅丰富了人类的文化生活，还推动了相关产业的发展和进步。

最后，AIGC 技术还促进了内容生产的个性化和精准化。通过分析用

---

① 曹三省,冯松龄.元宇宙和生成式 AI 的认知重塑效应浅析.中国传媒科技,2023,(3)：159-160.

户的兴趣、行为等数据，AI 可以生成符合用户个性化需求的内容，提高内容的针对性和吸引力。这种精准化的内容推送不仅提升了用户体验，还增强了内容的传播效果和市场竞争力。

一、技术驱动的创新：从辅助到主导的跨越

1. 生成式 AI 技术的突破性进展

（1）深度学习：智能的基石。

深度学习作为人工智能领域的重要分支，为生成式 AI 的崛起奠定了坚实的基础①。通过模拟人脑神经网络的结构和工作原理，深度学习模型能够处理复杂的数据模式，从中学习并提取有用的信息。在生成式 AI 中，深度学习技术使得机器能够理解和模仿人类的语言、图像、音频等多种形式的创作过程，从而生成出具有创造性和多样性的内容。

（2）自然语言处理（NLP）的飞跃。

自然语言处理技术的飞速发展，尤其是 Transformer 模型的普及，极大地推动了生成式 AI 在文本生成方面的能力。以 GPT 系列为代表的模型，通过自注意力机制实现了对长文本的高效处理，能够捕捉文本中的上下文信息，生成连贯、流畅的文本内容。这种能力不仅提升了文本生成的准确性和流畅度，还使得机器能够生成具有复杂逻辑结构和深刻见解的文章，甚至能够参与对话、创作诗歌和小说等文学作品。

（3）生成对抗网络（GAN）的革新。

在图像、音频和视频等非文本内容生成领域，生成对抗网络（GAN）技术同样取得了显著进展。GAN 通过两个相互竞争的神经网络——生成器和判别器，不断迭代优化，生成越来越逼真的图像、音频和视频内容。这种技术不仅提高了生成内容的真实性和多样性，还使得机器能够创造出前所未有的艺术形式和视觉效果，为内容生产带来了全新的可能性。

---

① 胡正荣，樊子塬.历史，变革与赋能：AIGC 与全媒体传播体系的构建[J].科技与出版，2023,(8)：5-13.

（4）多模态融合：内容的全面升级。

随着技术的不断进步，生成式 AI 不再局限于单一模态的内容生成，而是逐渐向图像、音频、视频等多模态融合的方向发展。这种多模态融合的能力使得机器能够同时处理多种类型的数据，生成更加丰富、立体的内容。例如，在新闻报道中，AI 可以自动生成文字稿件，并配以相应的图片、视频和音频解说，形成全方位、多维度的报道形式；在广告创意领域，AI 可以设计出既符合品牌形象又吸引目标受众的多媒体广告内容，提升广告的传播效果。

2. 从辅助工具到主导力量的转变

在传统的内容生产过程中，人类创作者始终占据主导地位，他们凭借自身的才华、经验和灵感创作出各种形式的作品。而 AI 技术则往往作为辅助工具存在，帮助人类创作者提高效率、优化流程。然而，在 AIGC 时代，这一格局正在发生深刻变化。生成式 AI 逐渐从辅助工具转变为内容生产的主导力量，其影响力和作用日益凸显[1]。

（1）高效内容生产：效率的革命。

生成式 AI 以其强大的数据处理能力和高效的生成速度，极大地提高了内容生产的效率。无论是新闻报道、广告文案还是文学创作等领域，AI 都能在短时间内生成大量符合特定需求的内容。这种高效的内容生产方式不仅满足了现代社会对信息快速传播的需求，还为企业和个人节省了大量的人力和时间成本。同时，AI 还能根据用户的行为数据和偏好分析，实现内容的个性化定制和精准推送，进一步提升用户体验和满意度。

（2）创意激发：灵感的源泉。

除了效率方面的提升外，生成式 AI 在创意和质量方面也展现出了巨大潜力。通过算法学习和创新，AI 能够产生超出人类预期的新颖观点和创意。这些创意不仅源于对海量数据的分析和挖掘，还融合了 AI 自身的

---

[1] 史蕊.生成式 AI 技术在新闻生产中的创新应用[J].电视技术,2024,48(7)：115－117,124.

算法逻辑和创造力。在文学创作领域，AI 已经能够创作出具有独特风格和深刻内涵的诗歌、小说等作品；在广告创意领域，AI 能够设计出既新颖又符合品牌调性的广告内容。这些创意的涌现不但为内容创作提供了新的灵感来源，而且推动了整个行业的创新和发展。

（3）主导力量的形成：人机共生的新生态。

随着生成式 AI 技术的不断成熟和应用场景的不断拓展，其在内容生产中的主导地位逐渐确立。然而，这并不意味着人类创作者将被完全取代。相反，人机共生的新生态正在逐渐形成①。在这个新生态中，人类创作者和 AI 将各自发挥优势、相互协作，共同推动内容生产的创新和发展。人类创作者将更加注重创意的构思和情感的表达；而 AI 则将负责处理烦琐的数据分析、内容生成和个性化推送等工作。这种合作模式不仅提高了内容生产的效率和质量，还促进了人类与机器之间的深度交流和融合。

二、生产流程的再造：自动化与智能化的融合

1. 生产流程的自动化：效率与质量的双重提升

在 AIGC 时代，内容生产流程正经历着自动化改造。从数据采集、处理到内容生成、编辑，越来越多的环节由 AI 技术所替代或优化。这不仅降低了人力成本，还提高了生产效率和内容质量。

（1）数据自动采集：构建信息海洋的基石。

在 AIGC 时代，数据是内容生产的源泉。为了获取丰富多样的素材，数据自动采集技术应运而生。利用先进的爬虫技术、API 接口以及各类数据源合作，AI 系统能够全天候、高效率地从互联网的海量信息中抓取相关数据。这些数据涵盖了文字、图片、视频、音频等多种形式，为后续的内容生成提供了坚实的基础。数据自动采集不仅大幅减少了人工收集数

---

① 韩国颖，张科.AIGC 营销：人机共生式营销模式 推动数字营销向数智化跨越[J].企业经济，2024，43(2)：111-124.

据的时间与成本，还确保了数据的时效性和准确性，为内容生产的快速响应和精准定位提供了有力保障。

（2）智能编辑与排版：美学与功能的完美结合。

在内容生成之后，智能编辑与排版技术的应用则进一步提升了内容的可读性和吸引力。通过自然语言处理和图像处理技术的深度融合，AI系统能够自动对生成的内容进行精细化处理。在文本方面，AI能够识别并纠正语法错误、优化句子结构、调整语言风格，使内容更加流畅、易读；在图像和视频方面，AI则能够根据内容主题和读者偏好，自动选择合适的滤镜、布局和动画效果，进行美化处理。此外，AI还能根据不同的媒体平台特点和阅读场景，自动调整内容的排版格式和展示方式，确保内容能够在各种设备上呈现最佳效果[①]。这种智能编辑与排版技术的应用，不仅提高了内容的质量，还极大地丰富了读者的阅读体验。

2. 智能化决策与优化：精准推送与个性化定制的未来趋势

除了生产流程的自动化外，AIGC还带来了智能化决策与优化的可能性。通过对用户行为、市场趋势等数据的深度分析，AI能够预测内容需求、优化内容策略，从而实现精准推送和个性化定制。

（1）用户画像构建：深度洞察用户需求的利器。

在 AIGC 时代，用户画像的构建成为了实现精准推送和个性化定制的关键[②]。通过收集用户的历史行为数据、兴趣偏好、社交关系等信息，AI 系统能够运用大数据分析技术构建精准的用户画像（见图 2.6）。这些画像在包含用户的基本属性信息（如年龄、性别、地域等）的同时，还深入挖掘了用户的潜在需求和消费心理。基于这些用户画像，AI 系统能够精准地识别用户的兴趣点和关注点，从而为他们推荐更加符合个人口味的内容。这种精准推送的方式不仅提高了内容的点击率和转化率，还增强了用户的黏性和忠诚度。

---

① 王海科.AIGC 时代期刊编辑的内涵发展[J].中国传媒科技,2024,(3)：40－43.
② 叶英平,蓝东婵,周昕.国内图书馆用户画像研究热点与趋势的可视化分析[J].情报科学,2023,41(10)：164－176.

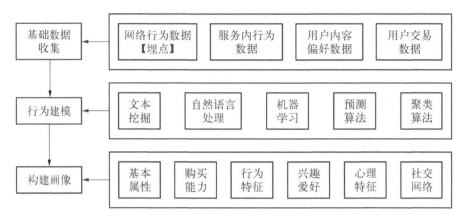

图 2.6　AIGC 构建动态用户画像

（2）内容策略优化：数据驱动的决策支持系统。

除了用户画像的构建外，AI 还在内容策略优化方面发挥着重要作用。通过对市场趋势、竞争对手情况、用户反馈等数据的深度分析，AI 系统能够洞察行业的最新动态和消费者的最新需求。基于这些数据分析结果，AI 能够自动调整内容策略，包括选题方向、内容形式、发布时间等方面[①]。例如，在选题方向上，AI 可以根据热点事件和用户需求预测潜在的热门话题；在内容形式上，AI 可以根据不同平台的特点和用户偏好选择合适的呈现方式；在发布时间上，AI 可以根据用户的活跃时间和阅读习惯确定最佳的发布时机。这种数据驱动的决策支持系统不仅提高了内容策略的科学性和有效性，还使得内容生产更加灵活多变、适应性强。

（3）自动化与智能化融合的未来展望。

随着 AIGC 技术的不断发展和成熟，生产流程的自动化与智能化的融合将更加深入和广泛。一方面，随着技术的不断进步和应用场景的不断拓展，自动化环节将越来越多地覆盖到内容生产的各个方面；另一方面，随着大数据、云计算、人工智能等技术的深度融合和创新应用，智能化

---

① 黄凯健，杨海平.AIGC 主导下的智慧出版知识生产革新［J］.编辑之友，2023，（12）：
　　28-33.

决策与优化将变得更加精准和高效①。未来的内容生产将更加注重用户体验和个性化定制的需求满足;同时,内容生产也将更加注重数据驱动和智能化决策的支持作用。在这个过程中,人类创作者与 AI 系统的协作将更加紧密和高效;人机共生的新生态模式将成为内容生产领域的主流趋势。

然而,值得注意的是,在享受自动化与智能化带来的便利和优势的同时,我们也需要警惕潜在的风险和挑战。例如,数据安全和隐私保护问题、算法偏见和歧视问题、内容质量和创新性问题等都需要我们给予足够的关注和重视。只有在充分保障用户权益和尊重人类创造力的前提下,我们才能真正实现自动化与智能化的深度融合和可持续发展。

三、内容生态的重构:多元共生与协同进化

1. 内容生产者的角色变化:从单一到多元的转型

(1)专业创作者的转型升级。

在传统的内容生产模式中,专业创作者往往扮演着核心角色,他们凭借深厚的专业知识、敏锐的洞察力和独特的创造力,创作出高质量的内容。然而,在 AIGC 时代,这一格局发生了显著变化。面对新技术的冲击,专业创作者不得不重新审视自己的定位与技能结构,积极寻求转型升级之路。

一方面,专业创作者需要不断学习和掌握生成式 AI 技术,将其视为提升创作效率和质量的得力助手。通过利用 AI 在数据分析、创意激发、内容生成等方面的优势,专业创作者能够更快地捕捉市场趋势,更精准地把握受众需求,从而创作出更具创新性和竞争力的内容。例如,在文学创作领域,AI 可以辅助作家进行情节构思、人物设定和语言表达,帮助作家突破创作瓶颈,实现灵感的飞跃。

---

① 詹希旎,李白杨,孙建军.数智融合环境下 AIGC 的场景化应用与发展机遇[J].图书情报知识,2023,40(1):75-85.

另一方面，专业创作者还需要保持对人文精神的坚守和传承。在享受技术便利的同时，他们应警惕技术可能带来的负面影响，如内容同质化、情感缺失等问题。因此，专业创作者应更加注重内容的深度、温度和人文关怀，以独特的视角和深刻的思考，引领内容生态的健康发展。

（2）非专业创作者的涌入与成长。

随着 AIGC 技术的普及和门槛的降低，越来越多的非专业创作者开始涌入内容生产领域。他们可能不具备传统意义上的专业素养和技能，但凭借对新生事物的敏锐感知和热情，以及生成式 AI 工具的辅助，他们同样能够创作出有价值的内容。

非专业创作者的涌入为内容生态注入了新的活力。他们来自不同的行业和背景，拥有多样化的视角和观点，为内容创作带来了丰富的素材和灵感。同时，非专业创作者也促进了内容的多样化和个性化发展。他们更加关注个人兴趣和受众需求，通过创作符合自身特色和风格的内容，吸引了大量忠实粉丝和关注者。

然而，非专业创作者在享受技术便利的同时，也面临着诸多挑战。他们需要不断提升自己的创作能力和技术水平，以应对激烈的市场竞争。同时，他们还需要保持对内容的敬畏之心和责任感，确保所创作的内容真实、客观、有价值。

2. 内容形态与分发渠道的多元化：创新与融合的新篇章

（1）内容形态的创新：满足多元需求的探索。

在 AIGC 技术的推动下，内容形态正经历着前所未有的创新。从传统的文字、图片到音频、视频乃至虚拟现实（VR）、增强现实（AR）等多种形式的内容不断涌现，为受众提供了更加丰富多样的选择。

生成式 AI 在内容形态创新方面发挥着重要作用。它能够根据用户需求和场景特点，自动生成符合要求的内容形式[①]。例如，在新闻报道领

---

① 李白杨，白云，詹希旎，李纲.人工智能生成内容（AIGC）的技术特征与形态演进[J].图书情报知识，2023，40(1)：66 - 74.

域，AI 可以自动生成图文并茂的稿件和短视频，提高信息的传递效率和可读性；在娱乐领域，AI 可以创作歌曲、编写剧本甚至生成虚拟偶像，为受众带来全新的娱乐体验。

此外，生成式 AI 还能够实现内容形态的跨界融合。通过将不同形式的内容进行有机结合和创新应用，AI 能够创造出更加新颖和独特的内容产品。例如，在旅游领域，AI 可以将虚拟现实技术与旅游攻略相结合，为游客提供沉浸式的旅游体验；在教育领域，AI 可以将动画、游戏等元素融入教学内容中，提高学生的学习兴趣和参与度。

（2）分发渠道的拓展：打破界限的传播网络。

随着技术的发展和市场的变化，新的分发渠道不断涌现。社交媒体、短视频平台、智能音箱等新兴分发渠道为内容的传播提供了更广阔的空间和更灵活的方式。

生成式 AI 在分发渠道拓展方面同样发挥着重要作用。它能够根据不同渠道的特点和需求，定制适合的内容形式和推广策略。例如，在社交媒体平台上，AI 可以根据用户的兴趣和互动行为生成个性化的内容推荐；在短视频平台上，AI 可以自动剪辑和优化视频内容以提高观看体验和传播效果；在智能音箱上，AI 可以根据用户的语音指令生成相应的音频内容以满足用户需求。

此外，生成式 AI 还能够实现跨渠道的内容分发和整合。通过将不同渠道的内容进行有机整合和统一管理，AI 能够提高内容的传播效率和覆盖面。同时，AI 还能够根据渠道之间的协同效应制订更加精准和有效的营销策略以吸引更多潜在用户。

（3）多元共生与协同进化的新生态。

在 AIGC 技术的推动下，内容生态正逐步形成一种多元共生与协同进化的新生态。在这个新生态中，专业创作者与非专业创作者、不同形态的内容、多样化的分发渠道之间相互依存、相互促进共同推动着内容生态的健康发展。

一方面，专业创作者与非专业创作者之间形成了良性竞争与合作的关系。他们通过相互学习和借鉴不断提升自己的创作能力和技术水平；同时，他们也在市场竞争中相互促进和激励共同推动着内容质量的提升和创新的发展。

另一方面，不同形态的内容和多样化的分发渠道之间也实现了有机融合和协同发展。它们通过相互补充和协同作用共同满足了受众的多元化需求；同时，它们也在市场竞争中相互推动和引领，共同推动着内容生态的创新和发展。

四、行业应用的拓展与未来趋势的展望

1. 行业应用的广泛拓展

生成式 AI 内容生产的技术已经在多个领域得到了广泛应用，并展现出巨大的商业价值和社会价值。未来，随着技术的不断进步和应用场景的拓展，生成式 AI 将在更多领域发挥重要作用。这些应用领域包括如下。

（1）新闻媒体。

生成式 AI 可以快速生成新闻报道、评论分析等内容，提高新闻传播的时效性和准确性。

（2）广告营销。

AI 能够生成个性化的广告文案和创意方案，提高广告的转化率和用户满意度。

（3）教育娱乐。

在教育领域，AI 可以辅助教师备课、制作教学课件；在娱乐领域，AI 可以创作歌曲、编写剧本等。

2. 未来趋势的展望

展望未来，生成式 AI 内容生产将呈现以下趋势。

（1）技术深度融合。

随着技术的不断进步和融合，生成式 AI 将与其他领域的技术（如物联网、区块链等）进行深度融合，推动内容生产的全面智能化。

（2）内容品质持续提升。

随着算法的不断优化和训练数据的增加，生成式 AI 生成的内容品质将持续提升，更加符合人类的审美和认知需求。

（3）生态协同共进。

在 AIGC 时代，内容生产者、平台方、技术提供商等各方将形成更加紧密的合作关系和协同机制，共同推动内容生态的健康发展。

综上所述，生成式 AI 内容生产的转型升级是一个复杂而深刻的过程，它涉及技术、流程、生态等多个方面的变革。随着技术的不断进步和应用场景的拓展，我们有理由相信，未来的内容生产将更加高效、智能和多元化。

第四节 人工智能生成内容的著作权/版权问题

随着 AIGC 技术的广泛应用，人工智能生成内容的著作权/版权问题也日益凸显。目前，关于 AIGC 内容的法律地位尚存争议。一方面，有人认为 AIGC 内容应被视为机器创作的"作品"，享有著作权保护；另一方面，也有人认为 AIGC 内容只是算法的产物，不具备独创性，因此不应享有著作权。

在实际操作中，AIGC 内容的著作权归属问题也较为复杂。由于 AIGC 内容的生成涉及多个主体（如开发者、训练数据提供者、使用者等），因此权属关系难以明确界定。此外，AI 在生成内容过程中可能借鉴了大量的人类创作成果，这也增加了著作权认定的难度。

为了解决这些问题，需要完善相关法律法规和政策措施。一方面，可以借鉴国际上的先进经验和实践案例，制定适合我国国情的 AIGC 内容著作权保护制度；另一方面，可以加强技术研发和知识产权保护力度，提高 AIGC 内容的可识别性和可追溯性，为著作权认定提供有力支持。

一、法律现状与争议焦点：AIGC 的著作权困境

1. 现有法律框架的局限性：自然人创作的原则与 AI 的挑战

在当今的数字化时代，AI 技术的飞速发展正以前所未有的方式改变着我们的生活方式、工作模式乃至法律体系。特别是在内容创作领域，AI 已经能够生成从简单的文本、图像到复杂的音乐、视频乃至艺术作品等多种形式的内容。然而，这一技术革新却遭遇了传统著作权法的严峻挑战，其核心在于"自然人创作"原则的局限性。

（1）自然人创作原则的历史背景。

著作权法自诞生以来，其核心目标便是保护人类的智力劳动成果，鼓励创作，促进文化繁荣。因此，"自然人创作"原则作为著作权法的基本前提，被广泛接受并体现在各国法律之中。这一原则不仅体现了对创作者个体劳动价值的尊重，还确保了法律体系的稳定性和可预测性。

（2）AI 生成内容的法律空白。

然而，随着 AI 技术的快速发展，由非自然人，即 AI 系统，生成的内容日益增多，这一传统原则开始显露出其局限性。多数国家的著作权法并未预见到 AI 技术的崛起，因此并未明确将 AI 生成内容纳入保护范围。这导致了在实际操作中，AI 生成内容的著作权保护问题缺乏明确的法律依据，给法律实践带来了巨大困扰①。

（3）国际立法趋势的初步探索。

尽管存在法律空白，但部分国家已经开始关注并尝试解决这一问题。例如，一些国家通过司法解释、指导性案例或政策文件等方式，对 AI 生成内容的著作权问题进行了初步探讨②。然而，由于各国法律体系和法律文化的差异，这些尝试并未形成统一的立法意见和解决方案。此外，国际社会也在努力推动相关国际条约和标准的制定，以期在全球范围内为 AI 生

---

① 杜佑.人工智能生成物的著作权保护研究[D].昆明理工大学,2022.
② 朱禹,叶继元.人工智能生成内容（AIGC）研究综述：国际进展与热点议题[J].信息与管理研究,2024,9(4):13-27.

成内容的著作权保护提供统一指导。

2. 争议焦点：可版权性、权利归属与保护路径

关于 AI 生成内容的著作权/版权问题，争议主要集中在可版权性、权利归属和保护路径三个方面。

（1）可版权性：独创性的判定。

关于 AI 生成内容的可版权性，关键在于其是否具有独创性。独创性是著作权法保护作品的基本要求之一，它要求作品必须是作者独立创作完成的且具有一定的创造性高度。然而，对于 AI 生成的内容而言，其创作过程往往依赖于算法和数据的输入，而非传统意义上的"灵感"或"情感"。因此，如何判断 AI 生成内容是否具有独创性，成为一个极具争议的问题。

一方面，有观点认为 AI 生成的内容虽然由算法驱动，但算法本身也是人类智慧的结晶，且 AI 在生成内容过程中可能会进行一定程度的自我学习和创新。因此，AI 生成的内容在某种程度上仍然可以视为具有独创性的作品。另一方面，也有观点认为 AI 生成的内容缺乏人类创作者的主观意图和创造性表达，仅仅是对输入数据的机械处理，因此不应被视为具有独创性的作品。

（2）权利归属：谁是真正的创作者？

若 AI 生成的内容被认定为具有独创性并受著作权法保护，那么接下来的问题便是权利归属，即这些权利的享有者应该是谁？是开发者、使用者还是 AI 本身？

对于开发者而言，他们设计并开发了 AI 系统，为内容的生成提供了技术支持和算法基础。因此，他们可能主张自己是 AI 生成内容的创作者或至少应该享有部分权利。然而，开发者通常并不直接参与内容的创作过程，而是通过算法和数据输入来间接影响内容的生成。

对于使用者而言，他们可能是直接触发 AI 生成内容的主体，但同样并不直接参与内容的创作过程。因此，将权利归属于使用者也存在一定的争议。

至于 AI 本身，由于其作为非自然人的存在，无法直接享有或行使著作权。因此，将权利归属于 AI 本身在现实中并不可行。

（3）保护路径：现有法律框架的完善与新制度的构建。

在现有法律框架下，为 AI 生成内容提供有效的保护并非易事。一方面，需要明确 AI 生成内容的可版权性和权利归属问题；另一方面，还需要考虑如何调整和完善现有法律制度以适应 AI 技术的发展。

一种路径是在现有法律框架内进行适度调整和完善。例如，可以通过司法解释或立法修订等方式明确 AI 生成内容的可版权性标准和权利归属原则。同时，还可以考虑引入新的权利类型或保护机制以更好地保护 AI 生成内容的创作者和使用者的利益。

另一种路径是构建新的法律制度以适应 AI 技术的发展。这可能需要从根本上重新审视著作权法的基本原则和制度设计，并借鉴其他领域的成功经验来构建一套适合 AI 生成内容保护的法律体系。然而，这一路径的实施难度较大且需要较长的时间和广泛的社会共识。

关于 AI 生成内容的著作权/版权问题是一个复杂而深刻的法律议题。它涉及对传统法律原则的重新审视、对新兴技术的深刻理解以及对未来法律发展趋势的准确把握。因此，我们需要以开放、包容和创新的态度来面对这一挑战，并积极寻求解决方案以促进技术的健康发展和社会的和谐进步。

二、权利归属的复杂性：AIGC 时代下的新挑战

1. 创作者身份认定难题：非自然人的创作主体

（1）传统框架下的创作者身份。

在传统著作权法中，创作者身份是著作权归属的核心要素。它通常指的是通过智力劳动创作出具有独创性作品的自然人。这种身份认定方式基于一个基本假设，即只有具有意识和主观能动性的自然人才能成为创作的主体，也只有这样的主体才能享有著作权所赋予的独占性权利。

（2）AIGC 时代的挑战。

然而，在 AIGC 时代，这一假设遭到了根本性的挑战。AI 作为一种非自然人的存在，却能够生成具有独创性的内容。这些内容无论是文学作品、艺术作品还是音乐作品，都展现出与人类创作相媲美的创造性和艺术性。但问题在于，AI 本身并不具备法律上的主体资格，无法直接成为著作权的主体。这就产生了一个悖论：一方面，AI 生成的内容在形式上符合著作权法关于作品的定义；另一方面，AI 却无法作为法律上的主体来享有和行使著作权。

（3）身份认定的困境。

面对这一困境，我们需要重新审视创作者身份的概念。在 AIGC 背景下，创作者的身份不再局限于自然人，而是扩展到了更广泛的范畴。然而，这种扩展也带来了新的问题：如何确定 AI 生成内容的实际创作者？在这个过程中，往往涉及多个主体（如开发者、训练者、使用者等），他们各自在内容生成中扮演了不同的角色，但贡献程度却难以量化。这种复杂性使得创作者身份的认定变得尤为困难。

2. 权利归属的多元性：学术与实务的交锋

（1）开发者归属说的合理性。

在探讨 AI 生成内容的权利归属问题时，开发者归属说是一种较为普遍的观点。这种观点认为，AI 生成内容的权利应归属于开发者。其理由在于：开发者是 AI 技术的创造者和维护者，他们投入了大量的时间、精力和资源来研发和优化 AI 系统。没有开发者的技术支持和算法设计，AI 就无法生成具有独创性的内容。因此，从公平和正义的角度出发，开发者应该被视为 AI 生成内容的实际创作者或至少应享有部分权利。

然而，开发者归属说也面临着一些质疑。首先，开发者在 AI 生成内容的过程中往往并不直接参与内容的创作，而是通过算法和数据输入来间接影响内容的生成。这种间接性使得开发者与内容的直接关联性变得模糊。其次，开发者归属说可能会抑制 AI 技术的创新和发展。如果开发者享有过多的权利，那么他们可能会倾向于保守地保护自己的技术成果，从而阻碍 AI 技术的进一步应用和推广。

（2）使用者归属说的合理性。

与开发者归属说相对立的是使用者归属说。这种观点认为，使用者在使用 AI 生成内容时，通过指令、数据输入等方式参与了创作过程，因此应享有部分或全部权利。使用者归属说的合理性在于它强调了使用者在内容生成中的积极作用。使用者不仅为 AI 系统提供了必要的输入数据，还通过指令和交互来引导 AI 生成特定的内容。这种交互过程使得使用者与内容的生成之间建立了一种紧密的联系。

然而，使用者归属说同样存在一些问题。首先，使用者的贡献程度往往难以量化。在 AI 生成内容的过程中，使用者的作用可能仅仅是提供了一些基本的指令和数据输入，而真正决定内容独创性的是 AI 系统的算法和训练数据。其次，使用者归属说可能会导致权利归属的混乱和不确定性。由于 AI 系统的普及和广泛应用，同一内容可能由多个使用者在不同时间和地点生成。在这种情况下，如何确定权利的归属将成为一个复杂的问题。

（3）合同约定说的灵活性。

为了克服开发者归属说和使用者归属说的局限性，一些学者和实务界人士提出了合同约定说的观点。这种观点认为，应该通过合同约定的方式来明确 AI 生成内容的权利归属。合同约定说既尊重了各方主体的意愿和利益诉求，又便于实际操作和执行。通过合同约定，开发者、使用者以及其他相关主体可以就权利的归属、行使、转让等问题达成一致意见，并据此建立明确的权利分配机制。

然而，合同约定说也并非完美无缺。首先，合同约定的前提是各方主体之间的平等协商和自愿达成。但在现实中，由于信息不对称和力量不对等的原因，这种平等协商和自愿达成可能难以实现。其次，合同约定说可能无法适应所有情况。在某些情况下，由于技术发展的快速性和不可预测性，合同可能无法涵盖所有可能的权利归属问题。最后，合同约定的复杂性和成本也可能成为其推广和应用的障碍。

三、保护路径的探索与实践：为 AIGC 筑起法律屏障

1. 现有法律框架下的保护路径

在现有的法律体系中，虽然直接针对 AIGC 的专项立法尚属空白，但并不意味着我们无法为其找到合理的保护路径。通过创造性地解释和应用现有法律原则与制度，我们能够为 AIGC 提供一定程度的法律保护（见图 2.7）。

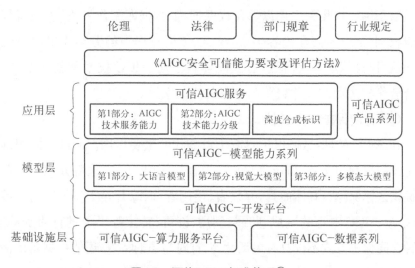

图 2.7 可信 AIGC 标准体系①

（1）合理使用原则的扩展。

合理使用原则是著作权法中的一项重要制度，旨在平衡著作权人利益与社会公共利益之间的关系。在 AIGC 背景下，扩展合理使用原则的适用范围，允许在特定情况下未经授权使用 AIGC 内容，是保护公众利益、促进文化传播与创新的有效手段。具体而言，可以考虑将 AIGC 内容纳入合理使用的考量范围，如在教学、科研、新闻报道等非营利性活动中使用 AIGC 内容，且不构成对原作品市场的替代或实质性损害时，可以认

---

① 图片来源：中国信通院《大模型治理蓝皮报告（2023 年）——从规划走向实践》http://www.caict.ac.cn/kxyj/qwfb/ztbg/202311/t20231124_466440.htm。

定为合理使用。这种扩展不仅有助于促进知识的传播与共享，还能在一定程度上缓解 AIGC 权利归属不明带来的法律困境。

（2）邻接权保护的探索。

邻接权，又称为作品传播者权，是保护作品传播过程中相关主体利益的法律制度。将 AIGC 内容纳入邻接权的保护范围，是一种创新性的保护思路。虽然 AIGC 并非传统意义上的作品传播者，但考虑其在内容生成与传播中的独特作用，可以将其视为一种新型的内容生产者或贡献者。通过赋予 AIGC 相关主体以邻接权保护，如数据库制作者权、表演者权等类似权利，可以为其在内容生成、整合、传播过程中的劳动成果提供法律上的认可与保障。这种保护方式既体现了对 AIGC 技术创新的尊重，又符合著作权法促进文化繁荣与创新的立法宗旨。

（3）合同保护的重要性。

在 AIGC 领域，合同保护具有不可替代的重要作用。通过合同明确各方主体的权利和义务，可以为 AIGC 内容的使用、传播、收益分配等关键环节提供法律保障。具体而言，开发者、使用者、训练者等主体可以通过签订协议，就 AIGC 内容的生成、归属、利用、许可、转让等事项进行明确约定。这种合同保护方式不仅具有灵活性高、针对性强的特点，还能根据具体情况进行个性化设计，以适应 AIGC 技术发展的快速变化。同时，合同保护还能有效减少法律纠纷的发生，降低交易成本，促进 AIGC 产业的健康发展。

2. 司法实践中的典型案例

近年来，国内外司法实践中已出现多起涉及 AIGC 著作权/版权问题的典型案例。这些案例不仅为我们提供了宝贵的法律实践经验，还为未来 AIGC 保护制度的完善提供了重要参考。

（1）北京互联网法院"李某与刘某侵害作品署名权、信息网络传播权纠纷案"。

该案首次认定了 AI 文生图的作品性，具有里程碑式的意义。本案中，原告李某使用开源软件通过输入提示词获得生成图片，并主张对该图片享有著作权。法院经审理认为，虽然生成图片的算法由软件开发者设计,但原告在使用软件过程中通过输入特定提示词引导 AI 生成了具有独创性的图片,这一过程体现了原告的智力劳动和个性化选择。因此,法院认定原告为文生图的作者,享有著作权。这一判决不仅突破了传统著作权法中创作者必须为自然人的限制,还为 AIGC 内容的著作权保护开辟了新路径①。

（2）广州互联网法院"奥特曼案"。

该案聚焦于 AI 公司在提供生成式 AI 平台服务时的侵权责任。本案中,被告 AI 公司运营的平台能够根据用户输入生成与特定作品相似的内容,包括原告享有著作权的奥特曼作品。法院认为,被告在未经原告许可的情况下,利用 AI 技术生成并传播与原告作品实质性相似的内容,侵犯了原告的著作权。这一判决强调了 AI 公司在提供生成式 AI 服务时应承担的注意义务和侵权责任,为 AIGC 领域的版权保护树立了标杆。

四、未来展望与应对策略：法律与技术的和谐共生

1. 技术与法律的互动发展：携手共进,共创未来

在 AIGC 技术飞速发展的背景下,法律制度的滞后性逐渐显现。为了确保技术进步与法律保护之间的和谐共生,法律必须不断适应和调整,以更好地服务于技术进步和社会发展。

1）法律修订：为 AIGC 量身定制保护框架

面对 AIGC 技术的独特性,传统的著作权法、专利法等法律体系显得力不从心。因此,适时修订相关法律法规,明确 AIGC 的保护范围和权利归属,成为当务之急。具体来说,可以考虑以下几个方面。

（1）明确 AIGC 作品的法律地位。

确立 AIGC 作品是否具有独创性、是否构成著作权法上的作品以及应如何界定其作者或权利主体。这可能需要重新审视"作者"和"创作"的

---

① 朱阁,崔国斌,王迁,张湖月.人工智能生成的内容（AIGC）受著作权法保护吗.中国法律评论,2024,57(3)：1-28.

概念，以适应 AIGC 技术下内容生成的新模式。

（2）构建新型权利体系。

针对 AIGC 的特殊性，可以探索建立新型的权利体系，如数据权、算法权等，以更好地保护相关主体的利益。这些新型权利可以涵盖 AIGC 生成过程中所涉及的数据、算法、训练模型等关键要素。

（3）完善权利分配机制。

在明确 AIGC 作品权利归属的基础上，进一步完善权利分配机制，确保各利益相关方之间的利益平衡。这包括确定开发者、使用者、训练者等主体在 AIGC 生成、传播、利用过程中的权利和义务。

2）司法解释：澄清法律适用中的模糊地带

在立法修订之外，司法解释也是推动法律适应技术发展的重要手段。通过司法解释，可以对法律适用中的争议问题进行明确和统一，为司法实践提供明确指导。在 AIGC 领域，司法解释可以重点解决以下几个问题[①]。

（1）独创性标准的界定。

如何判断 AIGC 作品是否具有独创性？是否应当考虑人工智能在创作过程中的作用及其程度？

（2）权利主体的确定。

在 AIGC 作品的权利归属问题上，如何平衡人工智能开发者、使用者、训练者以及可能涉及的原始数据提供者等各方利益？

（3）侵权行为的认定。

如何界定 AIGC 作品的侵权行为？是否应当考虑侵权行为对原作品市场的影响？

2. 行业自律与监管：构建良好的市场秩序

在法律法规尚未完善的情况下，行业自律和监管对于维护市场秩序、保护相关主体权益具有不可替代的作用。

---

① 蔡琳,杨广军.人工智能生成内容(AIGC)的作品认定困境与可版权性标准构建[J].出版发行研究,2024,(1)：67-74.

1) 行业自律：自律先行，引领规范发展

行业自律是 AIGC 领域健康发展的重要保障。通过建立行业协会或组织，制定行业标准和规范，可以引导企业合规经营，促进技术创新与应用的良性发展①。

（1）制定行业标准和规范。

行业协会应积极参与制定 AIGC 领域的相关标准和规范，包括数据使用、算法透明度、版权标识等方面的要求。这些标准和规范可以为企业提供明确的指导，降低法律风险。

（2）加强行业内部交流与合作。

通过定期举办研讨会、论坛等活动，加强行业内部交流与合作，分享最佳实践和经验教训，共同推动 AIGC 技术的健康发展。

2) 监管措施：强化监管力度，维护市场秩序

政府部门在 AIGC 领域的监管中扮演着重要角色。通过加强监管力度，打击侵权行为，可以维护市场秩序，保护消费者权益。

（1）建立健全监管体系。

政府部门应建立健全 AIGC 领域的监管体系，明确监管职责和范围，确保监管工作的有效性和针对性。

（2）加强技术监管手段。

利用大数据、人工智能等现代信息技术手段，加强对 AIGC 作品的监测和识别能力，及时发现并查处侵权行为。

（3）建立完善的投诉和举报机制。

鼓励公众积极参与监督，建立健全的投诉和举报机制，为公众提供便捷的维权渠道。

3. 鼓励创新与保护创新的平衡：激发创新活力，推动产业发展

在 AIGC 时代，鼓励创新与保护创新是相辅相成的。只有在充分保

---

① 路远，胡峰.AIGC 技术在智慧广电与网络新视听中的应用探析[J].影视制作，2023，29（3）：43-47.

护创作者权益的基础上，才能激发更多的创新活力；而创新活力的提升又会进一步推动技术的发展和法律的完善。

1）保护创作者权益：激发创新动力

保护创作者权益是鼓励创新的基础。通过加强知识产权保护力度，提高侵权成本，可以降低创作者的维权成本，增强其创新动力。具体来说，可以采取以下措施。

（1）加大侵权打击力度。

对于侵犯 AIGC 作品著作权的行为，应依法严厉打击，提高侵权成本，形成有效的震慑作用。

（2）建立快速维权机制。

为创作者提供便捷、高效的维权渠道和途径，如建立快速维权中心、开通在线维权平台等。

2）鼓励技术创新与应用探索：推动产业发展

在保护创作者权益的同时，也应鼓励企业和个人在 AIGC 领域进行技术创新和应用探索。通过合理的制度安排和激励机制，可以激发更多的创新活力，推动产业的发展。

（1）制定扶持政策。

政府可以出台一系列扶持政策，如税收优惠、资金补贴等，鼓励企业和个人在 AIGC 领域进行技术研发和应用推广。

（2）建立创新激励机制。

通过设立创新奖项、举办创新大赛等方式，激发企业和个人的创新热情，推动 AIGC 技术的不断进步和应用拓展。

总之，面对 AIGC 技术带来的挑战与机遇，我们需要从法律修订、司法解释、行业自律与监管以及鼓励创新与保护创新的平衡等多个方面入手，构建完善的法律框架和制度体系，为 AIGC 技术的健康发展提供有力保障。只有这样，我们才能在 AIGC 时代中实现技术与法律的和谐共生，共同推动人类社会的进步与发展。

第五节　人机协同共创的未来展望

人机协同共创是 AIGC 时代的一个重要趋势。在人机协同的创作过程中，人工智能可以承担重复性高、创造性低的任务，如数据收集、初步分析、模板化内容生成等；而人类创作者则可以专注于创意构思、情感表达和价值传递等核心环节。这种合作模式不仅减轻了人类创作者的工作负担，还促进了内容的多样化和个性化发展。

未来，随着 AIGC 技术的不断成熟和完善，人机协同共创的应用场景将更加广泛。在新闻、广告、影视、游戏等领域，AI 将与人类创作者紧密合作，共同创造出更加精彩纷呈的内容作品。同时，人机协同共创也将推动内容生产行业的转型升级和创新发展，为文化产业的繁荣和发展注入新的动力[①]。

然而，人机协同共创也面临着一些挑战和问题。例如，如何确保人机协作的顺畅性和高效性？如何平衡人机之间的创作贡献和权益分配？如何建立有效的监管机制和评估体系？这些问题需要我们在实践中不断探索和完善。

一、人机协同技术基础：深度学习与大数据的融合

1. 深度学习算法的突破性进展：从模拟到超越的跨越

深度学习，作为人工智能领域的一场革命性技术，其灵感源于人脑神经网络的工作机制。通过构建多层次的神经网络模型，深度学习算法能够模拟人脑在处理复杂信息时的分层抽象能力，从而实现从原始数据中自动提取高级特征，进而完成分类、识别、预测等任务。这一技术的出现，极大地拓宽了机器学习的应用范围，为 AIGC 的发展奠定了坚实的基础。

---

① 史安斌，刘勇亮.从媒介融合到人机协同：AI 赋能新闻生产的历史，现状与愿景[J].传媒观察，2023，(6)：36-43.

近年来，深度学习算法在多个领域取得了令人瞩目的突破。在图像识别领域，卷积神经网络（CNN）凭借其强大的特征提取能力，成功应用于人脸识别、物体检测等场景，极大地提高了图像处理的准确性和效率。在自然语言处理（NLP）方面，循环神经网络（RNN）及其变体长短时记忆网络（LSTM）、Transformer 等模型，通过捕捉序列数据中的长期依赖关系，使得机器能够理解和生成自然语言文本，为 AIGC 在文本生成、对话系统等领域的应用开辟了广阔空间。

此外，随着生成对抗网络（GANs）、变分自编码器（VAEs）等生成模型的发展，AIGC 在图像、音频、视频等多媒体内容的生成上也取得了显著进展。这些模型通过对抗训练的方式，使得生成的内容在真实性、多样性方面不断逼近甚至超越人类创作水平，为人机协同共创提供了无限可能。

2. 大数据资源的丰富性：从量变到质变的飞跃

大数据，简而言之，是指规模巨大、类型繁多、处理速度快且价值密度低的数据集合。在数字化时代，大数据已成为一种新型资源和财富，其蕴含的信息价值远超传统数据资源。通过大数据技术，人们能够以前所未有的精度和效率分析复杂现象，发现隐藏规律，为决策制定提供科学依据。

对于 AIGC 而言，大数据的丰富性是其持续进步和创新的重要源泉。一方面，大数据为深度学习算法提供了充足的学习材料。通过训练大规模数据集，深度学习模型能够学习到更加复杂、细致的特征表示，从而提升其生成内容的质量和准确性。另一方面，大数据也为 AIGC 的个性化定制提供了可能。通过对用户行为数据的深度挖掘和分析，AIGC 能够精准把握用户偏好和需求，生成更符合用户期望的个性化内容，提升用户体验和满意度。

3. 深度学习与大数据的融合：人机协同共创的新篇章

深度学习与大数据的融合，不仅实现了技术层面的优势互补，更是在人机协同共创领域开启了新的篇章。通过深度学习算法对大数据的深入挖掘和分析，AIGC 能够生成更加丰富多样、高质量的内容，满足用户日益增长的个性化需求。同时，这种融合也带来了新的挑战，如数据隐私保护、算法偏见等问题亟待解决。

当前，人机协同共创已广泛应用于教育、娱乐、传媒、设计等多个领域。在教育领域，AIGC 可以根据学生的学习情况和兴趣点生成个性化学习资料；在娱乐产业，AIGC 能够创作出新颖独特的音乐、视频和游戏内容；在传媒行业，AIGC 则能够快速生成新闻报道、体育赛事分析等内容，提高信息传播效率。

展望未来，随着技术的不断进步和应用场景的持续拓展，人机协同共创将呈现出更加多元化、智能化的趋势。一方面，深度学习算法将不断优化和完善，提升生成内容的真实性和创造性；另一方面，大数据资源将进一步丰富和细化，为 AIGC 提供更加精准的学习材料和用户画像。同时，随着区块链、边缘计算等新兴技术的加入，人机协同共创的生态系统将更加完善和安全，为人类社会带来更加美好的未来。

二、应用场景：人机协同共创的多元化

1. 内容创作的深度融合

在内容创作领域，人机协同共创将带来前所未有的变革。传统的内容创作往往依赖于人类的创意和才华，而 AIGC 则可以通过算法和数据分析为创作提供新的灵感和思路[1]。

例如，在文学创作方面，AIGC 可以根据作者设定的主题和风格生成初稿或片段，再由人类作者进行润色和修改。这种方式不仅提高了创作效率，还丰富了作品的多样性和创新性。在新闻报道、广告创意等领域，人机协同共创也将发挥重要作用，为受众提供更加精准和个性化的内容。

2. 传播与营销的智能化

在传播与营销领域，人机协同共创将推动传统营销方式的转变。通过 AIGC 技术，企业可以生成个性化的营销内容和推广方案，精准地触达目标受众[2]。

---

[1] 韦路,陈曦.AIGC 时代国际传播的新挑战与新机遇[J].中国出版,2023,(17)：13-20.
[2] 李燕.AIGC 给精准数字营销领域带来的变革.中国商人,2024,(3)：132-133.

例如，在社交媒体平台上，AIGC 可以根据用户的浏览历史和兴趣偏好生成定制化的广告内容，提高广告的点击率和转化率。在电商平台上，AIGC 可以生成商品描述、推荐语等文案内容，帮助商家提升商品的销售量和用户满意度。

三、行业影响：人机协同共创的深远意义

1. 生产效率与质量的提升

人机协同共创将极大地提升内容生产的效率和质量。传统的内容生产方式往往依赖于人类的劳动力和创造力，而 AIGC 则可以通过自动化和智能化的方式完成大量重复性和基础性的工作。

在新闻行业，AIGC 可以快速生成新闻报道的初稿和摘要，减轻记者的负担[①]；在影视行业，AIGC 可以辅助编剧完成剧本创作和角色设定等工作。这些技术的应用将使得内容生产更加高效和精准，提高整体的生产效率和质量。

2. 产业链的重构与升级

人机协同共创还将推动产业链的重构和升级。随着 AIGC 技术的普及和应用，传统的内容生产、传播和营销方式将发生深刻变化。

一方面，AIGC 将催生新的商业模式和产业形态，如基于人工智能的内容创作平台、智能营销平台等；另一方面，AIGC 将推动传统产业链的数字化转型和智能化升级，提高整个行业的竞争力和创新能力。

四、人才培养：适应人机协同共创的新要求

1. 跨学科知识的融合

在人机协同共创的时代背景下，传播学专业的人才培养需要更加注重跨学科知识的融合。除了掌握传播学的基本理论和方法外，学生还需

---

① 朱禹，陈关泽，陆泳溶，樊伟. 生成式人工智能治理行动框架：基于 AIGC 事故报道文本的内容分析[J]. 图书情报知识，2023，40（4）：41 - 51.

要具备计算机科学、数据科学、心理学等相关领域的知识和技能。

跨学科知识的融合将有助于学生更好地理解人机协同共创的技术原理和应用场景，提高他们在内容生产与传播领域的综合素质和创新能力①。

2. 实践能力的培养

实践能力是传播学专业人才培养的重要方面。在人机协同共创的时代背景下，学生需要具备较强的实践能力和创新思维。

学校可以通过开设实验课程、实践项目等方式，为学生提供更多的实践机会和平台。同时，学校还可以与企业合作建立实习实训基地，让学生在实践中学习和掌握人机协同共创的技术和方法②。

3. 创新思维的培养

创新思维是传播学专业人才培养的关键。在人机协同共创的时代背景下，学生需要具备敏锐的洞察力和创新思维能力，能够及时发现和把握新的技术趋势和市场机遇。

学校可以通过开展创新创业教育、组织创新竞赛等方式，激发学生的创新热情和创造力。同时，学校还可以邀请行业专家和企业领袖来校授课和交流，为学生提供更广阔的视野和更前沿的思想③。

综上所述，人机协同共创是未来发展的重要趋势。在技术基础、应用场景、行业影响及人才培养等方面都将产生深远影响。作为传播学专业的大学生和行业人员，我们需要紧跟时代步伐，积极适应人机协同共创的新要求，不断提高自身的综合素质和创新能力，为内容生产与传播领域的变革和发展贡献自己的力量。

---

① 袁磊,徐济远,叶薇.AIGC 时代的数智公民素养：内涵剖析,培养框架与提升路径[J].现代教育技术,2023,33(9)：5-15.
② 张姣,曹轲."AI 向善"何以达成：深度学习与轻型应用——AI 应用趋势下的新闻传播学思考[J].传媒观察,2023,(7)：28-34.
③ 荆中楷,耿佳新.基于 AI 对话引擎的新型传播模式：机器人传播与人机交往[J].声屏世界,2023,(18)：13-15.

第三章

虚实共生：AIGC 时代的主播

生成式人工智能（GAI）技术作为一种前沿性和革命性技术，在深刻改变和塑造人类社会的同时，也分化出自己的对立面，发展成为一种新的异质性力量。当下人工智能技术已向越来越多的行业进行渗透并落地应用，人类已不可避免地进入一个人机深度融合的社会，智能机器正在替代越来越多的工作岗位，一个人机共生的时代已经到来。在人机共生的社会形态中，机器的主体性身份日益呈现，人和机器之间不再是使用者与使用工具的关系，而是逐渐演变成为一种伙伴关系。总之，人工智能的发展已深刻改变了人类生产和活动方式，正在把人类带进一个虚拟与现实混合交融的"虚实共生"世界。

第一节　AIGC 时代的传播者

人工智能是一种模拟人类智能的科学和技术，其目的是使机器能够模仿人类的思考方式和思维模式进行学习、推理、感知、理解、创造等活动。21 世纪以来，人工智能技术发展突飞猛进，目前已形成许多分支，其中，以 Open AI 公司开发的 ChatGPT 为代表的最新一代 AIGC 已成为当下最火的一个分支研究领域。AIGC 的核心思想是利用人工智能算法生成具有一定创意性的内容。AIGC 基于其强大的自然语言处理技术（NLP）和自然语言生成技术（NLG），能够根据给定的主题、关键词、格式、风格等条件，自动生成文本、图像、音频、视频等内容。由于人工智能拥有强大的内容创作和生成能力，其应用的场景越来越丰富。目前，AIGC 已广泛应用于新闻报道、教育培训、社交娱乐、营销推广、金融服务、医疗服务、智能物流等领域，为用户提供精准化和个性化的内容服务。人工智能的快速发展并逐渐应用于人类生产生活的各个领域，对以"人类中心主义"为核心的传播学研究范式带来全新挑战。

一、人机传播：人工智能时代传播方式的嬗变

在人工智能的众多分支中，无论是基于语音识别的人工智能还是基于自动写作的人工智能，都是用来辅助人类完成传播任务的一种智能工具。人工智能在传播过程中都被设计为与人类直接发生信息交互与沟通者的从传播者（communicator）参与到人类传播活动中。这一变化颠覆了经典传播学研究中将技术仅仅视为传播者与受传者之间的媒介（中介）角色的传统认知。①

在经典传播学理论中，技术一直都被视为人与人之间信息沟通的桥梁或中介，传播学之父施拉姆也提出，传播学是研究人与人之间如何关联的。在拉斯韦尔的"5W"模式和香农-韦弗的传播学模型中，同样是把技术仅当作传播过程中的媒介（medium）角色。尽管随着传播学研究的进展，格伯纳、麦考林等一批传播学者对经典传播学模型进行了完善和拓展，但其本质上依然是遵循着香农和韦弗的传播学研究范式和模型，他们依然是把技术定位为人与人之间信息沟通的媒介。总之，在传统的传播过程中，信源和信宿均为人，人类成为传播过程中唯一的参与者，而机器仅仅作为人类之间进行信息交换的角色。

然而，当机器作为一种交流对象成为信源或者信宿，与人类进行信息传递时，其带来的改变是深远而具有革命性的。这些影响不仅在于对信源、信宿等传播元素的重新定义，更在于传播本身的改变。随着人工智能尤其是生成式人工智能被设计为传播者，人与技术之间交互的过程不再是"通过（through）"的关系而是"和（with）"的关系，换言之，AI 技术的发展带来了人与机器本体论上的模糊。例如，当你读到的新闻是生成式人工智能创作的内容时，当你看到的街头电子屏上闪动的某一品牌的视频

---

① Gunkel D J. Communication and artificial intelligence：Opportunities and challenges for the 21st century[J]. Communication+1, 2012, 1(1).

广告是由 Sora 自动生成的时……这都意味着一直将技术视为人类传播中介的研究范式，已不再适应于新技术变革条件下的人机交互与信息交换。当传播不断进化，不再局限于人与人之间的信息交互，或是"人-技术-人"这样的传播模式，而是"人-机"之间直接交互时，将技术视为传播主体的人机传播被传播学界视为理解和研究这一转变最为合适的领域。

不同于传统传播学把技术仅当成是人类传播的媒介或中介角色，人机传播理论研究关注的是技术如何扮演传播者（communicator）这一新的角色以及机器如何成为传播主体的问题。与此同时，人机传播还关注人机交互中创造的意义以及为个人和社会带来的影响。当下，人工智能作为传播者正在应用于包括传媒行业在内的众多行业领域。正是因为人工智能技术在传播过程中这一角色的转变，对以人类中心主义为核心的传播学理论提出了挑战，也推动了传播学界去重新思考在人工智能作为传播主体这一新的环境下，人机传播领域的发展和完善。

二、人工智能环境下人机关系的嬗变

"角色"本意是指戏剧表演中演员所扮演的人物形象，后被引入心理学、传播学、社会学等研究领域，主要用来描述人物的一套行为方式和形象。社会角色（social role）是指与人们的某种社会地位或身份相一致的一套权利、义务的规范和行为模式。社会角色理论是社会学研究的经典理论之一，旨在讨论人们社会交往中的互动行为模式以及个人与社会的关系。该理论关注社会行为的发生，认为社会成员在日常生活的不同场景中有着不同的社会身份，并且他们的行为方式会因其社会角色和互动环境的不同而变化。

功能主义学派认为，社会成员的社会角色是被他们所处的社会制度和社会结构所影响、决定的，不同的社会角色被赋予不同的社会期待，行动者会被教育要服从于相关的社会规范；与此同时，不同的社会角色构成不同的社会地位，并成为社会结构的"一部分"。符号互动学派认为，由于不同的社会角色有着对应的社会期待，社会成员可以在社会互动中通过

"表演"和"展示"不同的角色符号使得自己的角色被别人理解和感知；换言之，社会角色是一个被符号所绑定、以任务为导向的社会实践。现有的研究主要集中于讨论人类社会成员在日常生活中对不同身份、角色的学习和再呈现。

随着人工智能的出现，社会角色理论的讨论也扩展到了机器参与活动。近期的理论研究表明，在人工智能环境下，人们愈发主动地将机器人视为社会行动的参与者，并积极地与机器人建立了社会关系。

基于社会互动理论的行为研究者认为，机器人的社会应用使它的机器属性和类生物属性相结合。它提供了一个机会，让人们思考机器人在社会互动中的角色和定位。在服务机器人"作为社会参与者"的理论框架中，现有的研究者则集中在讨论机器人到底是一个"工具性存在"还是一个"社会性存在"的问题。有的研究者认为机器人是一个技术性和物质性的服务工具，它的社会意义需要通过具体的互动场景来实现；人机互动中的接触式互动和符号化互动尤为重要。有的研究者则认为机器人是一个有生命力的社会性交互对象，因为它们的行动具有能动性，是可以被解读和回应的；人们可以与机器人进行独立的日常互动，并且将机器人的行为类同于人类行为进行理解和解释。

1. 智能传播中的人类主体与机器主体

在人工智能技术出现之前，传播学研究中的主体通常是指人类主体。技术的演进使传播主体变化经历了从职业新闻传播者为主体到职业新闻传播者与非职业新闻传播者为共同主体的传播时代。技术演进降低了新闻传播职业门槛，使个体主体性日趋凸显，在当下"人人都是麦克风"的时代，每个公民都可以通过技术自由发声。然而，现有关于传播主体演进的相关研究未能跨越"人类主体"这一生物红线。在传播活动中，人类是信息传播者与受传者的统一体，是传播内容、传播媒介的选择者，更是整个信息传播流程的控制者。换言之，现有传播学研究始终遵循"人类中心主义"这一固有理念，认为信息传播是由人类主导的主体性活动。

人工智能的出现打破了人类作为传播活动中的唯一主体性的幻想，

传播主体性范畴扩展至跨人际主体的全新领域。首先，在新闻传播主体方面，随着人工智能的发展，传播主体不再局限于人类，智能机器展现自主性、创造性与意向性的主体特征，可以被视为虚拟传播主体。具体而言：① 信息的生产与分发由智能机器自动完成。以智能新闻为例，写作机器人通过机器自动抓取内容导入编辑模板并自动审核完成发布。而在广告行业，相较于传统广告依托人力完成创意生产与传播活动，生成式人工智能创作的广告基于自然语言理解和深度学习技术，能够自动完成消费者洞察、广告策略分析、广告内容创作的完整运作流程。② 信息传递时间、收受群体由机器算法决定。人工智能赋予理解个体、挖掘需求、数据匹配诸多领域新的研究方法与分析路径，其通过语音识别、视觉分析的基础智能技术，介入家庭、驾驶和消费等个人日常生活场景，聚集更多传统技术无法搜集到的微小数据。同时，借助复杂的智能运算系统，打破不同数据间的传播壁垒，挖掘数据背后的潜在关系，精准计算与匹配传播者的传播需求与受传者的信息需求。③ 信息传播效果由机器测量与调控。智能机器参与、记录信息生产传播的全过程，既让信息传播的每一步有迹可循，又使每个环节直接与传播效果链接。相比社交媒体时代难以测量的传播效果，智能传播时代将以智能机器自动反馈、精准调控，代替传统由人类智能反馈的滞后式信息传播行为。

　　其次，智能机器日渐显现出独立主体性，且创造性地参与智能传播活动。在技术层面，人工智能技术不是一种单一工具，而是工具性与心灵性相结合的复合科学。J. R. 塞尔认为，AI 具有强弱之分，就弱 AI 而言，计算机在心灵研究中的主要价值是为我们提供了一个强有力的工具；对于强 AI 来说，计算机不只是研究心灵的工具，恰当编程的计算机其实就是一个心灵[①]。例如，智能新闻、智能广告是智能技术在提高生产效率与分发科学性层面的工具性产物；而以微软小冰、Google Assistant、Siri 为代表的社交语音助手、社交机器人不仅是检验人类心灵的重要参照物，其就

---

① A. 博登.人工智能哲学[M].刘西瑞，王汉琦译.上海：上海世纪出版集团，2006：73、4.

是心灵本身。目前，"人＋机器人"的传播模式仍然普遍存在，智能机器还需要人类智能协助参与相关生产活动。但是，当智能技术步入强人工智能阶段时，我们可以期待智能机器将从"协助人"的半自主化形式转向"脱离人"的完全自主模式。

最后，智能机器以具身方式直接参与人类主体的改造，具有主体意向性。智能技术的发展已经开始向人类的高级认知领域如（自我心理领域）等拓展。技术不只是人类眼、耳、鼻、舌、身等感觉器官的延伸，更是人脑与思维的延伸，是人类生存与生活的重要组成部分。早在 1960 年，《纽约时报》首次使用赛博格（Cyborg）指代技术、机器装置与人类有机体的日益结合。如今，随着智能机器以强化人体机能的目的直接取代人类器官，人类身体被技术改造，其主体性也将被机器解构与建构。从主客关系到共生关系，人类与机器的界限日益模糊，人机交互的安全距离被逐渐打破，这将导致人类主体的未知性与失控感。因此，未来智能社会的主体构成日趋多元化，在独立人类主体与独立机器主体之外，还存在人机结合的赛博格主体。智能传播时代面临的是多元、分散、不确定、流动主体并存与抗争的复杂新格局①。

2. 智能传播环境下主客体的移位

智能传播使人与机器的主体地位发生变化，作为客体的机器会因为智能技术的自主性而具有主体性，人的主体地位有可能让位于智能机器。从历史上看，人类之所以要最大限度地开发人工智能，是为了减少人的体力劳动和部分脑力劳动，提高生产效率，解放与发展生产力，使之成为推动社会变革的革命性力量，并最大限度地创作造经济价值，改善人类的生产和生活。很明显，智能传播技术作为一种新质生产力，完全是在创新驱动下实现的。在神经网络科学、计算机技术与互联网的加持下，机器通过自主学习与深度学习，依靠大数据分析，具有了高度智能化的特性，导致

---

① 程明，赵静宜.论智能传播时代的传播主体与主体认知[J].新闻与传播评论，2020(1)：11-18.

机器由原来人的得力助手演变为人的竞争对手。机器代替了人的部分工作，因而具备了具有主体人的部分功能，出现了人机关系迭代，导致人的主体地位发生变化。因此，智能技术在传播领域中的应用，使得机器从作为人类的工具转变为替代人类的某些工作，从而出现人机移位的现象。

1）智能传播时代机器的角色变化

人工智能技术的发展不仅改变了人类对于机器的期待和使用方式，还重新定义了机器在社会中的角色和功能。智能机器从以往作为助手、服务者逐渐演进为竞争者乃至决策者。

（1）从辅助者到竞争者。智能机器最初是以自动化和辅助设备的身份出现的，主要用来承担重复且高强度的任务，以此提高生产和工作效率。随着智能技术的进步，机器的角色发生了显著的变化，它们不再作为辅助性的角色而存在，而是成为人类的伙伴、合作者和竞争者。在许多领域，它们开始替代人类的部分甚至全部工作。当下，社交机器人、智能客服、智能助理等机器人的出现为人类带来了全新的交流对象，机器正日益成为人类的合作伙伴、倾诉对象，甚至情感伴侣。例如，微软推出的一款聊天机器人"小冰"已成为众多客户的"聊天好友"。"小冰"拥有强大的语言处理能力，可以与用户开展多轮对话，并且能够根据用户的反馈不断进行学习改进。此外，小冰还拥有丰富的娱乐功能，可以与用户进行各种有趣的互动，满足用户的交流需求和情感需求。2024 年 3 月，美国明星机器人创业公司 Figure 发布了的一款智能机器人 demo，可以听从人类的指令，递给人类苹果、将黑色塑料袋收进框子里、将杯子和盘子归置在沥水架上，还可以与人类进行多轮对话。

虽然目前的智能机器还不具备真实的情感，但是可以通过训练来识别和模拟人类语言中的情感倾向。这意味着它们能够根据用户输入的文本识别用户的情绪和心境，基于这种对话逻辑的适应和理解，智能机器能够调整其回应的语气和内容。这就意味着智能机器能够进行更为复杂的对话交互，这种语境理解能力使其能够使用于更加复杂的场景，用户在人机交互中也能体会到机器的"温度"和"情感"。正因如此,智能机器能够更好地满足用户的需求,甚至与人类形成一种全新"伙伴关系"①。智能工具从服务者到竞争者的转变不仅揭示了其巨大潜力,还给人类社会带来了新挑战和问题。人类需重新考虑智能机器与人类的共存方式,探索如何发挥人工智能的优势,同时控制其风险和负面影响。

（2）从协作者到决策者。当下以 ChatGPT 为代表的 GAI 技术取得了突飞猛进的发展,它已不再作为人类的工具而存在,而是能够协助人类完成多项任务。例如,作为个人助手,ChatGPT 可以帮助人们管理日程、回答问题。作为创作伙伴,它的能力则更加突出,从文本写作、图像创作到视频编辑,ChatGPT 都能提供帮助。以写作为例,ChatGPT 可以帮你构思故事情节、撰写文章甚至出书。人工智能基于对大数据的深度学习和分析,通过对海量数据的挖掘,能够识别潜在的模式和趋势,为决策者提供全面、客观的信息基础。这种数据驱动的智能决策使得决策者能够更好地了解环境变化、市场趋势等重要信息,从而做出更明智的决策。在决策支持中,智能推荐系统通过分析用户的历史决策、偏好等信息,为用户提供个性化的决策建议。这种个性化的支持不仅提高了决策的准确性,还减轻了决策者的负担,使其更加聚焦于关键问题,提高决策效率。

2）智能传播时代人的角色变化

智能传播时代,人与机器机之间的关系发生了深刻的变化,这一变化不仅体现在人机交互的方式上,更深刻地反映在人类自身角色的转变上。人类从使用者转变为合作者,从传统角色转变为技术导向角色,在这个过程中重新定义了人类与智能工具的关系。

（1）从使用者到合作者。在传统的人际传播过程中,人是使用者和主导者,机器是被使用者。但随着智能技术的进一步发展,这种单向关系正逐渐演变为一种更为复杂的合作伙伴模式。智能工具已不再是简单地执

---

① 吴婧婧.从"人际"到"人机"：ChatGPT 对人类传播模式的影响[J].南京邮电大学学报（社会科学版）,2023,25(6)：65-73.

行人类指令的机器，它具备自主学习的能力，能够在对现有数据学习和训练的基础上，自主生成新的、具有创意性的内容，能够理解复杂的指令甚至预测人类需求。相应地，人类的角色也从使用者转变为合作者。这种人机关系的转变极大地拓展了人机互动的边界，同时也对人类提出了新的挑战。仅仅掌握如何使用智能工具已经远远不够，人类还需要学会如何与这些工具进行有效的沟通。

在智能传播时代，智能机器运用自然语言处理、情感识别等技术，能够更深入地理解人类的意图和情绪。因此，人类也需要不断提升自己，了解并适应机器的特点和限制，与之建立更加紧密的合作关系，从而更好地满足自身需求。例如，在与智能助手交流时，我们需要更加清晰地表达自己的需求，同时善于解读智能助手的反馈，以便更好地协同工作。

（2）从传统职业角色到现代智能导向角色。人工智能的快速发展正引领着一场深刻的社会变革。这场变革不仅影响了经济结构和产业布局，更深刻地触及了人类社会的每一个角落。随着信息技术、人工智能、机器学习、大数据分析等领域的突破性进展，传统职业角色正经历着挑战，智能导向的新角色逐渐成为主流。这种趋势不仅要求我们掌握新的技能，还要求我们学会在不断变化的环境中生存和发展。以智能机器写作为例，由于GAI在写作方面能力突出，现已应用到文艺创作、新闻出版等多个行业领域。

尽管写作通常被认为是极具个人风格和创意性的工作，但GAI已经展示了其在这一领域的可能性。通过分析大量文学作品，智能机器可以学习不同的写作风格和叙事结构，尝试生成小说、诗歌等文学作品。例如，OpenAI开发的GPT - 3已经能够生成颇具文采和连贯性的短篇小说和诗歌，尽管这些作品仍然缺乏深层次的情感和独特的创意，但它们已经能够在一定程度上模仿人类作家的风格，提供了新的文学创作方式和思路。同样，人工智能写作在新闻报道中的应用已经取得了显著的进展。智能机器写作在新闻出版领域的应用正在深刻改变着传统职业角色的工作内容和方式。过去新闻报道主要依靠记者亲自前往现场采访、调研，根据采访和调研结果，撰写新闻稿件。现在，智能导向的新角色如智能写作系统的操作员、个性化推荐算法的优化师和自动化编辑系统的管理员等逐渐成为主流。这种趋势不仅要求传媒行业从业者掌握传统的采访、写作和编辑技能，还需要学习数据分析、机器学习和算法优化等新技术，以适应不断变化的工作环境。同时，他们也需要具备灵活、适应新技术、持续学习和创新的能力，以便在智能时代的大潮中立于不败之地。

3）人机角色转换下的传播范式革命

在智能机器的参与下，传播媒介、内容、主体、对象均发生了深刻的变化。第一，从传播媒介来看。智能机器的参与使传播媒介更加丰富和多样，随着媒介技术的进步，以微信公众号、微博、抖音、知乎、今日头条、小红书等为代表的新媒体崛起，信息传播以更加短平快的方式冲击着传统媒体。第二，从传播内容来看，传统媒体在内容传播上一般都是要经过专业新闻记者采访并写好稿件后通过某一渠道或载体进行发布，换言之，传统传播是以人为主导的传播。智能媒体时代，由于传播渠道的多样化导致传播主体出现了多元化，在智能媒体的加持下，传播主体门槛得以极大地降低，一般人员经过简单培训就能以自媒体从业者的身份进入信息传播领域。第三，从传播主体来看，自媒体的崛起，给以职业新闻传播从业人员为主的传统媒体行业带来很大冲击。第四，从传播对象来看，智能传播依据大数据分析可以精准定位目标群体，根据不同目标群体提供个性化的信息。事实上，在新闻、出版、广电等以内容生产和传播为主的行业，因 GAI 的技术的应用，已对传统的以人为主体的传播模式造成了极大的挑战。

因此，面向未来的人机关系将表征为两者之间既相互联系又相互对立的主体间性，且很有可能智能机器的主体性比人类更为突出。因此，这种由人工智能技术发展引发的智能传播领域的人机关系，其实质已由单纯的人机关系演变为人与机器"主体同位"的程度表征。由人机关系的演进史来看，人机主体的移位是在机器不断替代人类的劳动中实现的，体现了人机关系的嬗变。

3. 人机共生：智能传播时代的主体共生

在智能传播时代，人与机器的关系已发生根本性的转向，被重新定位的人机关系正面临新的风险和挑战，如何正确处理人与机器的关系，实现人机之间的和谐和协同，成为当代传播学研究中不可回避的关键问题。

针对智能传播时代人机价值关系面临的诸多问题和挑战，我们需要突破传统的传播学研究范式，摒弃传统传播学中遵循的"人类中心主义"立场，转变"人机对立"的思维方式，将机器和人类之间看作是一对合作共生的关系。实际上，"人机共生"（man-computer symbiosis）这一概念早在20世纪60年代就由美国学者提出，著名计算机专家，麻省理工学院教授利克莱德教授认为人类与机器之间并不是竞争关系，而是相互补充的关系，他们的合作关系在自然界中有一个模板——共生①。共生是两个或两个以上有机体共存的状态，被认为是 5G 时代人机关系最恰当的隐喻②。这意味着，人和机器之间相互依存、共生发展。共生同构摆脱了人类中心主义和技术决定论中二元对立的思维方式，为我们理解人机关系提供了一个新的视角。

强调人机共生价值关系旨在强调人与智能机器虽然都作为独立个体存在，但两者之间是一种优势互补的关系，而不是互相排斥或对立的关系。人机共生价值关系能够整合人与机器各自的优势。机器可以执行那些对人类来说困难的事情，而人类也可以做许多机器不可能做的事情。如在深度学习模型中，人类负责收集数据，并以神经网络可以接受的形式准备数据，还负责神经网络的总体架构和网络训练的程度。深度神经网络负责识别模式，并利用优化和拟合算法自行优化目标函数（学习）。当遇到无法给出明确定义和边界、缺乏数字化知识和经验的任务时，智能机

① Licklider J C R. Man-computer symbiosis[J]. IRE Transactions on Human Factors in Electronics，1960(1)：4 - 11.

② 喻国明，杨雅.5G 时代：未来传播中"人-机"关系的模式重构[J].新闻与传播评论，2020(1)：5 - 10.

器可能会束手无策,这时就需要与人合作。

智能机器在可解释性、信息安全等方面也存在问题,需要人为干预,形成"人在回路"的闭环控制,确保安全。人类擅长将上下文和直觉应用于问题解决,可以把握和解释因果关系。人机共生价值关系意味着人与机器之间能够实现有效分工。与机器相比,人类思维的优势在于具有灵活性、创造性和直觉性,而机器的基础是算法,其运作模式仍然受到底层架构的限制,它能加工处理的是数字,也就是形式化的语言。智能机器与我们交互的方式也是如此,人类输入的文本、图片必须转化为符号化的计算机语言,机器将符号化的语言通过算法的运作,再转换为用户所需要的信息并实现输出。由此可知,意义是由人类赋予机器的,在此基础上才能实现人机交互,这才是智能时代人机价值关系的共生本质。

技术正加速趋向彻底数字化和虚拟化的未来,数智化时代的人类借助于技术的进步和革新,获得了更多自我认知、自我表达、自我记录的可能。但与此同时,人也被映射、拆解、外化成各种数据。当这些数据被强制进入各种商业或社会系统时,人们会在一定程度上失去对自身数据的控制力,并受到来自外部力量的多重控制。但是,打破人的尺度,绝不意味着放弃人的自主性。相反,清醒地认识人类当前的生存境况,并据此调整人与世界的关系,正是人之独特智慧的创造性体现。那么,在人工智能技术飞速发展的当下,如何保证人类不在技术逻辑下迷失自我? 需要从理论的批判性反思和从社会实践中理解人机关系。具体而言,一方面,需要突破"主体-客体"的传统思维模式和"人-机器"对立的二元论观点,从而更客观地看待人和技术之间的关系;另一方面,通过对人类社会技术实践的理解来关照人的在世存在。"机器的遍在以及我们与机器的沟通并没有使我们成为机器,而是使得我们更加成为人。"①在当下日益繁盛的机

---

① 邓建国,韩志瑞.人工智能有文化吗? 论人机交流中的文化之困及其化解[J].新闻与写作,2024,(10):25-35.

器文化中，"在不断追随技术发展步伐的同时，我们仍然需要时时回望'人'这一起点。各种繁杂的技术交织的迷雾层层散去后，最终我们的核心关怀，仍是每一个具体的人及其生命体验"①。

智能媒体时代的人机共生实现的是人类与机器之间的合作，其实践目的是增强人类自身的能力，而不是被机器所取代。通过与智能机器的合作，人类能够更准确、更高效地完成各种工作任务，更专注于需要创造力、批判性思维和同情心的高层次工作。因此，人类与智能机器之间的共生是在坚守彼此优势的基础上实现有效的分工与合作，智能机器在与人类的交互学习过程中，实现更多的优势互补，和谐共生。

人机共生价值意味着人类与机器是不可分离的，人离不开机器，机器同样也无法离开人类。诸如记忆、注意力、感觉、理解和想象这些对于人类而言是至关重要的能力，但其有先天的局限性，这一点可以从智能机器快速增长的算力中得到补充。人们可以借用机器的强大算力来支持和增强认知技能，丰富和拓展对于世界的认知，并通过人机共生获得新的能力；智能机器具有强大的算力，尤其在处理大量数据和执行复杂计算方面展现出了惊人的能力。例如，GPT - 4 等大型语言模型能够完成许多复杂的语言处理任务，甚至在某些方面超越了人类的能力。然而，尽管这些机器在技术和功能上取得了显著的进步，它们在价值判断方面仍然存在局限性。价值判断涉及对道德、伦理和社会责任的深刻理解，这是目前的技术难以模拟的。因此，智能机器的发展和应用仍需要人类的指导和监督，以确保其行为和决策符合社会的价值观和法律要求。鉴于人和机器均有着各自独特的优越性，我们认为，当下人工智能时代，人与机器之间是相互依存和合作共存的伙伴关系。正如马尔科夫所言，"当机器变得足够复杂的时候，它们既不是人类的仆人，也不是人类的主人，而是人类的伙伴"。②

① 彭兰,安孟瑶.智能时代的媒体与人：2022 年智能传播研究综述与未来展望[J].全球传媒学刊,2023,10(1)：3 - 18.
② 程海东,胡孝聪.智能时代人机共生价值关系探析[J].道德与文明,2023(3)：35 - 45.

第二节　传统主播与人工智能(AI)主播

近年来，人工智能技术的发展逐渐由三维立体空间中的机器人领域扩展到网络虚拟空间的 AI 合成主播。作为智媒时代的重要产物，AI 主播在一定程度上重新塑造了新闻行业的内容生产范式、技术架构与产业格局，推动了新闻传媒业的不断发展。

一、人工智能主播发展概况

人工智能主播又称为"AI 主播"，是指在人工智能技术主导下，协同算法程序、语音系统等多种新技术手段研发而成的拟人化仿真主播形象。随着人工智能与媒体行业的深度融合，AI 虚拟主播在新闻传媒行业崭露头角。主流官方媒体纷纷推出自己的 AI 主播，并尝试在新闻播报工作中运用 AI 虚拟主播，如人民日报的"果果"、新华社的"新小微"、微软的"小冰"等。AI 主播的具体类型包括全息模拟真人 AI 合成主播、智能采访对话机器人、虚拟卡通 AI 主播等，其中又以真人 AI 合成主播为大多数。真人 AI 合成主播提取真人主播的声音、唇形、表情、动作等特征，进而运用深度学习技术联合建模训练而成[1]，可以模拟真实的主播形象进行新闻播报、主持访谈等出镜工作。2018 年，在第五届世界互联网大会上，搜狗公司与新华社合作推出了一款中英双语 AI 合成主播"新小浩"，其创作原型是新华社中国新闻主播邱浩，"新小浩"身穿西服，系着领带，其面部表情、声线、动作与真人主播高度逼真。继"新小浩"之后，2019 年 3 月，新华社与搜狗再次联手，推出了全球首个 AI 合成女主播"新小萌"，该虚拟主播是以新华社记者屈萌为原型打造的 3D 虚拟人物。这两款虚拟主播参与

---

① 何强.人工智能在新闻领域应用的新突破：从全球首个"AI 合成主播"谈起[J].新闻与写作,2019(5)：93-95.

到 2019 年全国两会播报中，并且给观众留下了深刻印象。之后，新华社
又相继推出了新闻主播"新小微"、气象主播"雅妮"、手语主播"小聪"等一
系列 AI 主播。与此同时，中央电视台、人民日报、光明日报等媒体也纷纷
推出了自己的 AI 主播用于新闻播报。如央视推出了以主持人康辉为原
型的 AI 主播"康晓辉"。2019 年 6 月，人民日报与科大讯飞合作，共同打造
了一款虚拟女主播"果果"，光明日报推出了自己的 AI 虚拟主播"小明"。
2021 年 10 月，北京广播电视台发布了中国首个广播级智能交互虚拟数字
人"时间小妮"。"时间小妮"是以该电视台真人主播春妮的形象和声线素
材为基础打造出的虚拟数字人，时间小妮依托"北京时间 App"，不仅在新
闻报道中持续赋能，还在各大会议、论坛、展会中担当虚拟主播、提供智能
客服的角色，在数字经济建设和智慧城市应用服务中发挥着独特作用。

二、真人主播和 AI 主播的比较分析

1. 真人主播的优势

相较于以人工智能作为技术基础打造的 AI 主播，真人主播的主要优势
在于具有稳定的价值观，敏锐的观察判断力，活跃的创造性思维与应变能
力，丰富的情感系统和独特人格魅力等方面。价值观是基于人的一定的思
维感官之上而作出的认知、理解、判断或抉择，也就是人认定事物、判别是非
的一种思维或取向。简单来说，价值观是人们对客观事物的看法和评价。

第一，人类具有稳定的价值观，具备观察判断的能力，能够有效应对
各种问题情境。真人主播可以通过观察周围环境变动获得线索并对出现
的相关问题进行评估，依据其价值观合理应对遇到的传播伦理问题。AI
主播在工作过程中高度依赖数据，无稳定的价值观，不具备自主观察和判
断力，无法对生成内容的道德伦理问题进行价值评估，对于需要现场解说
和评述的直播、赛事，AI 主播难以独立应对，需要在人机协同的情况下才
能开展工作[①]。

---

① 牛新权、刘润.智能媒体时代真人主播的核心竞争力分析[J].中国电视，2024(3)：34－40.

第二，人类具有创造性思维能力。创造性思维是一种具有开拓性的思维活动，即开拓人类的认知领域，在对现有事物的学习、理解的基础上创造新的事物。创造性思维是人类独有的高级心理活动过程，它能突破思维定式，打破常规，创造新的事物。思维敏捷的真人主播能够在遇到突发事件时进行快速反应，运用创造性思维和应变能力应对突发情况。而基于设定程序的 AI 主播则无法灵活应对突发状况和播出事故，如虚拟人"洛天依"在直播间表演唱歌时，就曾出现技术故障导致"翻车"，大大降低了虚拟主播与观众互动的真实性和直播的观感。

第三，人类具有复杂的情感系统和共情能力。共情（empathy）也称为"同理心"①，是指个体能够理解、感知他人的情绪和感受，并能够以适当的方式回应。这不仅包括对他人情感的认知和理解，还包括能够通过言语和行为表达关心和支持。共情是人际交往中的一项重要能力，能够促进彼此之间的信任、合作和良好互动。共情主要分为认知共情和情感共情两种类型。认知共情是指能够理解他人的意图和想法，并推测他人产生这一意图的原因。通过认知共情，我们能够更好地关注他人的需求和感受，从而有助于双方之间进一步深入交流和沟通；情感共情是能够真正感受到他人的情感，也就是我们常说的"感同身受"，与对方产生情感上的共鸣。

真人主播的共情能力不仅表现为能够将自身的观点和内心的真实感受向受众进行准确、清晰的表达，还体现为能够正确地理解受众的思想和情感，能够站在受众的角度去思考问题，认真倾听受众的声音，把握受众的心理需求。正确的运用共情能力有助于增强节目的感染力，引发情感共鸣，提升节目的传播效果。例如，原东方甄选的网红主播董宇辉之所以能够在直播行业取得成功，除了其有着广博的知识面、生动有趣的语言表达和谦逊低调的人设外，更为重要的是他本人拥有较强的共情能力。在

①　郝雨，马宇涵.基于共情理念的中国新叙事：出版业对外传播的一个深度理念问题[J].
出版发行研究，2022（8）：65－70.

直播过程中,他能够耐心倾听观众的声音,理解观众的需求和感受,与观众进行换位思考,将自己的情感与观众的情感相融合,创造出一种十分融洽的情感氛围,这种情感共鸣使观众在直播间产生一种幸福感和归属感。正是这种卓越的共情能力和悲天悯人的性格特质,使其在竞争激烈的直播市场中脱颖而出,收获了巨大的粉丝流量。

AI 主播虽然已经具有高度拟人化、具象化的特征,但在情绪情感表达和互动方面相对单调,难以媲美人类复杂而丰富的情感系统,从而限制了 AI 主播对人类情绪情感的准确理解和有效互动,在亲和力、感染力上目前还难以与真人主播相媲美。

第四,人类具有独到的人格特征。人格是构成个体思想、情感及行为的独特模式,是一个人区别于其他人的稳定而统一的心理品质。人格具有整体性、稳定性、独特性和社会性四个方面的基本特征,是一个复杂的结构系统,包括能力、气质、性格和自我调控系统等成分。真人主播的人格魅力主要基于其独特的心理品质。AI 主播虽有各种"人设",但并不具备心理学意义上的人格,也难以形成真实鲜活、独特而稳定的人格魅力。又由于人格魅力需要基于真实的人性而存在,真人主播人格魅力的塑造与其能力、气质、性格、人生阅历等因素密切相关,不仅是建立在屏幕上、舞台前的,更是建立在生活中的。由此而言,欠缺真实生活阅历的 AI 主播所谓的"魅力"实际上缺少真实的人格基础,在观众心中也很难摆脱"虚拟"的心理定式。

2. AI 主播的优势

人工智能的发展,使得 AI 数字人正以惊人的速度崛起,在播音主持、电商、直播、短视频等领域开始大显身手。随着技术的进步、场景的迭代,AI 数字人已打破诸多行业壁垒,降低了许多行业的进入门槛,为企业和商家带来了前所未有的机遇。与真人主播相比,AI 主播有着自身的独特优势。

第一,稳定的形象和播报质量。具体表现为① 超高的"颜值"。AI 数字人通过数字技术塑造逼真的形象、表情和声音,与真人高度相似。AI

数字人技术主要基于深度学习和图像识别领域的最新进展。它涉及面部识别、语音合成和自然语言处理等多种技术。通过捕捉原始主体的面部表情和声音，AI 能够生成准确的数据模型，并将这些数据应用到选择的数字化人物模型上，从而实现以"假"乱"真"。此外，AI 主播形象还不会因为时间流逝和工作时长而发生变化，反而可能因为技术的升级呈现更趋近于真人主播的真实性，为观众提供更大的信息量和更多的刺激点。

② 稳定的直播画面。AI 主播可以提供稳定的直播画面和音频质量，消除了主播的情绪波动和技术问题对直播质量的影响，保证观众体验的稳定性。AI 主播依托于智能语音技术，可以通过大数据的采集和分析合成适合各个语言场景的音色和语气，呈现出更加多元化的语音主持样态。这一点在各种智能音箱产品中都有所体现。针对性的算法学习还能够让AI 主播模拟出与真人几乎一致的播报效果，以满足节目的实际需要。算法的多变性对声音条件不太突出的传统媒体主持人带来了不小的挑战①。

③ 形象可定制化。借助先进的 AI 算法和深度学习技术，商家和企业可以定制极具个性化和吸引力的虚拟主播形象。这些虚拟主播不但外貌可以根据需求进行设计，而且其语言风格、动作表情等也能够做到高度逼真，从而为观众带来全新的视觉和互动体验。新闻报道、科普服务、带货种草、产品宣传、企业代言等场景都可以用定制的不同形象进行广泛应用。

第二，实时互动性强。真人直播是一种单向的对话式传播方式，如果直播间的人数较大，滚屏速度过快，观众很难与主播进行实时的交流，说的话可能很久都没看到，体验感较差。AI 主播可以和观众进行双向互动、实时反馈，并且还可以通过和观众之间的交互来提高观众的参与度和兴趣度。随着人工智能技术的不断进步，AI 主播的交互性和可塑性也不断增强，不仅可以通过语音识别、自然语言处理等技术实现与用户的互动和交流，还能根据受众的需求和反馈进行自我学习和调整，不断完善自身

---

① 白雪.AI 主播对传统媒体主播的冲击与影响分析[J].中国报业，2024(5)：129 - 131.

的表现和功能。

第三，播报效率高。真人主播受时间和空间的限制，无法快速到达特定的直播现场，长时间工作会感到疲惫，而 AI 主播不需要真实的场地、器材和人员就可以技术生成各种场景和人物形象，进入真人主播无法到达的特定"现场"。此外，多语种的即时转换、无缝衔接，24 小时全天候实时播报，根据受众的需求进行个性化的信息推送和服务等功能，也都是 AI 主播的"过人之处"。

三、AI 主播冲击下传统新闻主播面临的挑战

《未来简史》的作者尤瓦尔·赫拉利曾预言，未来二三十年之后，人类社会超过 50％的工作机会将会被人工智能取代[①]。在智能媒体时代，人工智能和信息传播技术的飞速发展给传统媒体行业带来了革命性的变化。AI 主播的出现及其应用，也给传统真人主播带来了前所未有的挑战。既往的媒介技术逻辑显示，凡是技术能够替代的媒体岗位，终将被技术替代。

在智能主播的强势冲击下，关于"智能主播是否会取代真人主播""真人主播是否会面临失业风险"的疑问纷至沓来。由于生理方面的限制，真人主播无法像虚拟主播一样实现全天候、高强度工作，再加上虚拟主播自身具备的技术优势以及在场景化运用方面的进步不断挤占真人主播的工作空间，真人主播不可避免地会出现一种危机感，在一定程度上产生对自己职业身份的不认同。在 AI 主播的强势冲击下，真人主播的身份、职业和生存空间正面临着极大挑战。

1. 认知困惑：传统新闻主播遭遇身份认同危机

"身份认同"在英文中对应"idendity"一词，包含两层含义，一是身份、正身，代表着个人对于自我身份的辨析与确认；二是同一性、认同，

---

① 姚建莉.赫拉利：二三十年内超过 50％工作会被人工智能取代[EB/OL].[2017 - 7 - 10].https://news.jstv.com/a/20170710/1499673261655.shtml.

意味着对自身卷入群体一致性及与他群差异性的认知。面对虚拟主播的强势冲击，真人主播会产生一种对自身主播身份的认知困惑，认为自己不再具有独特性，存在会被机器完全替代的危机感，甚至产生对主持人这一职业群体的社会价值的质疑，丧失对主播这一职业的荣誉感。一方面，当下在众多电视广播节目中，"去主持人化"已经成为一种趋势，一系列以虚拟主播为"主角"的新闻报道栏目如"AI主播说两会""小封写诗"等，都实现了虚拟主播在新闻报道中常驻。虚拟主播在一定程度上替代了真人主播的工作，使得真人主播不再具备在日常出镜播报与主持工作中的不可替代性。另一方面，不同于以往以固定风貌登场的传统主持人，技术赋能下的虚拟主播拥有形象逼真的造型和人格化的语言表达能力，改变了传统电视节目的主持呈现方式。这种传播主体角色的变化所带来的新奇感，让众多受众逐渐将目光从传统主持人转移到虚拟主播的身上。在这一过程中，实际上真人主播的身份特征逐渐被弱化，不再具备特殊性。

由此可见，虚拟主播的加入让真人主播在前台实践的空间变得愈发狭窄。而对于主持人这一职业群体来说，前台实践处于其职业情境中的核心地位，是主持人职业认同感的最直接来源，当前台实践的空间越来越被虚拟主播占有时，真人主播就会产生对自身职业的认知困惑和质疑。与此同时，面对虚拟主播愈发广泛的应用以及与自身交汇日趋增多的情况，真人主播对"如何处理与虚拟主播之间的关系"始终存在困惑，能感受到虚拟主播挤占自己的工作空间，却又无法叫停虚拟主播的不断升级与应用。这种无奈也会转化为对自身职业价值的困惑和质疑，从而不可避免地会对自己的身份产生一种不认同感，甚至逐渐丧失对于主持人的职业荣誉感。

2. 技术冲击：传统新闻主播生存空间被挤压

从社会化劳动视角来看，依托真人完成的播音主持创作是创造性的劳动过程，这是社会化劳动不可缺少的一部分。在劳动资本方面，真人主播通过劳动产生价值并由此换取一定的社会收入，"用劳动换取收入"会伴随整个工作过程，而长久下去会产生一定的社会消耗[①]，但是让虚拟主播来做劳动工具，不仅不需要支付工资，在很大程度上节省了成本[②]，其技术功能性还能极大地提升工作效率。例如，新华社推出的两位 AI 合成主播"新小浩"和"新小萌"上岗后，短短三个月内就生产出 3 400 条新闻报道，累计播报时长达 10 000 多分钟。这些虚拟主播相比真人主播拥有更庞大的知识信息储备和极速采编发能力，可以 24 小时不知疲惫地进行播报且口播零失误。与此同时，人工智能技术的进步与发展使得虚拟主播的业务范围愈加广泛，在诸如广告代言、直播带货、智能客服等各种原本由真人主播这一主体承担的工作场景中，都能看到虚拟主播的身影。当下在众多电视广播节目中，真人主播的身份也正在不断经历着被弱化甚至消解的境况。这都意味着，以有声语言创作为主的播音员主持人的工作正在被虚拟主播替代或是部分取代。

媒介技术日趋智能化使虚拟主播得以升级进化，而真人主播的生存空间不断被挤占，这对播音主持职业群体造成了很大压力，也带来了许多挑战。而随着虚拟主播的愈发"人格化"和"智能化"，未来其应用场景会继续向外拓展，这对于真人主播来说，或许还将面临更加强烈的技术冲击。

3. 理念滞后：传统新闻传播人才职业能力困境

人工智能技术的发展对传统新闻主播的职业技能提出了新要求，不但要求掌握新闻传播的基础知识和技能，而且要求了解并掌握人工智能技术，并将其运用于工作中。目前，新闻传媒行业记者、主播和主持人对于人工智能方面的知识掌握程度有限，这一方面是由于人工智能技术发展速度太快，传统的传媒人才培养模式滞后于时代发展的步伐，一些高校的传媒专业在课程设置、授课内容仍然以传统传媒人才为培养目标，这导

[①] 赵广远，田力.技与艺的博弈：人工智能语境下主持人职能重构[J].当代电视，2019（10）：93-96.

[②] 黄斌."虚拟主播"强势冲击背景下"真人主播"的破圈之路[J].东南传播，2022（4）：16-18.

致培养出来的传媒人才与现代媒体环境的需求脱节。

在传媒人才职业技能培养方面，传统的新闻传播教育尤其注重学生采写编评技能的培养和训练，在传统媒体占主导地位的时代，这种人才培养理论与以往的时代背景和行业需求有着较高的契合度。然而，时过境迁，随着互联网技术、信息技术的快速发展，一批新兴媒体迅速崛起，传统媒体的优势被削弱，日益走向衰弱和萎缩，以往与普通民众关系最为密切的报纸、广播、电视等逐渐让位于微信公众号、微博、今日头条、抖音、快手等运用信息识别和智能算法推荐来实现信息资聚合的平台媒介。信息传播的模式发生深刻变革，传媒生态环境在人工智能技术的冲击下发生根本变化。在这种新的媒介生态下，大众传播时代构建的新闻传播人才培养理念和培养模式已越来越滞后于传媒实践的迅猛发展。技术的快速迭代和传媒行业格局的变化必然导致传媒从业者职业能力的转向，培养适应新的传媒行业格局的复合型新闻传播人才。

四、AI 主播冲击下传统媒体主播的应对

尽管目前虚拟主播尚不能完全取代真人主播的工作，但随着虚拟主播在技术层面的持续补强，未来可能会在更大维度上对真人主播的地位造成冲击。与此同时，随着人机互动水平的不断提高，人机关系越来越像人际关系，人们必须考虑如何与机器耦合共生，真人主播需要思考如何与虚拟主播更好地协调互补。因此，如何从容应对虚拟主播的冲击并且找出破局之路，重新找到真人主播自身的独特价值，接受并拥抱人机共生的未来，正是真人主播应当不断进行深入思考的问题。

1. 强化身份认同，突出个性魅力

在机器人专家汉斯·莫拉维克提出的"人类能力地形图"中，海平面代表着当下人工智能所能达到的水平，海拔高度则代表着其尚未完全取代人类的工作，完成的任务难度越大，海拔就越高，"艺术"这一项在图中处于山峰。这意味着对于虚拟主播来说，目前还很难在播音工作中展现播音主持的艺术性，而这正是真人主播所具备的优势。从有声语言表达

视角来看,中国播音学奠基人张颂老师曾对播音主持的有声语言表达提出了要求,"有稿播音,锦上添花;无稿播音,出口成章"。这说明在播音主持的创作过程中,除了要精准表达稿件本身的信息,还要根据自身理解增加其情感色彩。同样,在没有文字稿件依托的即兴口语表达中,更要通过联想和推导,主动根据过往经验和当下处境迅速进行临场应变,使有声语言的表达符合逻辑、有理有节,这些都是真人主播所具备的独特的艺术创作优势,虚拟主播并不具备艺术表达与鉴赏主观能动性。

与此同时,从播音主持的风格化视角来看,对于稿件的理解、广义备稿情况等都会影响真人主播的有声语言创作,而这也正是真人主播所具备的个性化的来源。真人主播需要不断提升自身辨识度,突出个性魅力,能动地进行自我角色的建构,完成自我叙事的升级。除此之外,在社会功能上,真人主播具备独立的思考能力,能够在主持过程中主动进行价值的深度输出,引导受众思考,充分发挥其价值引领的社会功能。虚拟主播在主播领域的不断介入与发展,在一定程度上让真人主播的身份逐渐被边缘化,而要想重新树立自信、建立起对职业身份的认同感,就需要真人主播主动从边缘走向中心。这就要求真人主播应当充分理解自我,意识到自身所具备的独特价值与优势,发挥主观能动性,从而不断强化自己对于真人主播身份的认同感[①]。

2. 虚实结合,加强人机协同

从马克思技术哲学观强调技术与人类社会和谐共生,以及技术在推动人类社会进步中的作用。在马克思看来,技术的价值不仅在于其对社会进步的实用性和功能性,更在于其对真善美的追求和美好事物的贡献。由此可看出,马克思的技术观不但关注技术的物质层面,而且也关注其精神层面。随着人工智能技术的进步,AI虚拟主播在传媒行业的应用将会越来越普遍和广泛。作为真人主播应该意识到,人与机器之间不一定是

---

① 张艾末、李诗语、王婷婷.围困与破局:虚拟主播冲击下真人主播再思考[J].视听,2024
　　(3):145-148.

完全对立的权力争夺，还可能是一对和谐共生的"合作伙伴"。人与机器并非是简单的"相加"关系，而是耦合共生、互补相融的关系。真人主播和虚拟主播因自身属性不同而各有所长，虚拟主播通过利用先进人工智能、数字技术，具备较强的信息处理能力和交互能力，能够助力真人主播开展工作，而真人主播具备较强的个性化特质、临场反应能力和丰富的情感表达。真人主播和虚拟主播之间开展协同工作，不仅能发挥人的思辨性和主观能动性优势，还能让机器在发挥其在信息处理方面的高效性特长，从而提高播报效率[①]。

在传统传播过程中，人是传播的主体，机器只是作为传播的中介。但是，随着人工智能技术的不断演化，人机之间的互动越来越频繁，机器由传播的中介逐渐转变为传播的主体，新闻传播生态正在重构，人机融合的趋势日益凸显。作为真人主播应主动顺应人工智能时代媒介生态的变革，不仅要与技术融合，还要做到媒介、话语体态的多元融合，积极推进语态变革，探索适应新媒体时代信息传播的语态特质和语境[②]。

未来，随着 AI 技术的进步，虚拟主播在传媒领域的应用必将更加普遍和广泛，传播主体会更加多元，观众对主播的要求会越来越高。面对新的传媒环境，真人主播应坚持与时俱进，积极转变传播理念，重新审视人机关系，努力提升职业技能，主动与新技术相融，拥抱人机共生的新时代。

3. 强化跨媒体叙事和跨领域学习能力

19 世纪法国著名作家福楼拜曾预言"艺术愈来愈科学化，科学愈来愈艺术化，两者在山麓分手，有朝一日，将在山顶重逢。"当下，虚拟主播与真人主播同台竞技的场景似乎印证了这一预言，人工智能技术在播音主持、广告文案创作、诗歌创作、绘画等领域的广泛应用，充分展示了智能技术

---

① 张艾末、李诗语、王婷婷.围困与破局：虚拟主播冲击下真人主播再思考[J].视听,2024
　(3)：145 - 148.

② 张艾末、李诗语、王婷婷.围困与破局：虚拟主播冲击下真人主播再思考[J].视听,2024
　(3)：145 - 148.

强大的艺术功能①。在技术与艺术的博弈中，作为当事人的真人主播应该在原有业务基础上对自身职能进行升级和重构。首先，强化媒介思维，提升主播的跨媒体叙事能力。"跨媒体叙事"最早由美国南加州大学教授亨利·詹金斯提出，他认为，跨媒体叙事是指"横跨多个媒体平台展开故事，其中每一种媒体都对我们理解故事世界有独特贡献。"在当前媒介融合的背景下，跨媒体叙事能力应当成为传媒从业者的重要职业能力。主播的跨媒体叙事能力不仅指使用多种媒体技能进行内容生产的能力，还包括具备跨媒体协作意识、多媒体协作生产能力、与受众的沟通合作能力等多种技能②。高校传媒教育专业要进行课程改革，在传统的采写编评课程的基础上，适当增设一些符合融媒体实践需求的技能型课程。其次，提升跨领域学习的能力。当下人们正处于一个复杂多变的世界，知识的边界日趋模糊，而单一的专业知识已难以满足观众日益多元化和个性化的需求，而拥有多领域知识背景的主播更具有吸引力和竞争力。为此，主播必须打破固有的认知局限，努力拓宽知识边界。在跨领域学习能力的培养上，主播首先要树立终身学习的理念，不断学习新知识，掌握新技能。当下，面对人工智能的飞速发展，ChatGPT 在传媒行业中广泛应用，主播要加强人工智能知识和技能的学习，熟悉 ChatGPT 的应用场景和特点，通过与 GAI 合作，构建虚拟主播助手，以增强视听节目互动性和娱乐性。其次，要保持好奇心，愿意学习新的知识，探究新的领域，拥有多领域知识的主播能够更全面地理解和关注观众的兴趣和需求，引导观众对相关话题进行深入思考和讨论。再次，提升共情能力。共情能力是主播的核心能力，主播要耐心倾听观众的声音，与观众开展良好的互动。在观众分享话题时，主播要表达共情，让观众感到被理解被支持。总之，面对激烈竞争传媒行业环境，主播只有通过不断学习和拓宽知识视野，才能在人工智能

① 赵广远,田力.技与艺的博弈：人工智能语境下主持人职能重构[J].当代电视,2019
　(10)：93-96.
② 张红军.融媒体时代传媒从业者的职业能力重塑[J].当代传播,2020,(2)：29-32.

时代中更好地应对观众的需求，提供优质的节目内容，同时也为自身的职业发展打下坚实的基础。

第三节　数字人的未来

"数字人"作为多模态人机交互的重要载体，在 GAI 技术的加持下，正在迎来新一轮发展机遇。GAI 技术的发展降低了虚拟数字人的制作成本，大大增强了数字人的交互与情感表达能力，不仅能够实时与用户开展多轮次的交流对话，理解并回应用户需求，还能模拟人类的情感，与用户之间建立更深层次的情感连接，从而极大地提升了虚拟数字人的场景适应能力。目前，虚拟数字人已在新闻出版、文旅、娱乐、金融、医疗、教育、电商、直播、短视频等多个行业和平台得到广泛应用，其呈现的角色和形态也是多种多样，包括虚拟偶像、虚拟主播、智能主播、虚拟导购、虚拟客服、虚拟导游、虚拟教师、虚拟演员等多种类型的虚拟角色，角色的日益多元化彰显出数字人的广阔应用场景。

一、数字人发展概况

1. 数字人概念

数字人是数字技术和 AI 技术结合下的产物，既是"人造物"，又是在元宇宙中落地且具备一定自然人属性、功能的虚拟人物。目前，学界对数字人（digital human）尚无统一明确的界定，对其概念的解读，主要从三个层面展开。在物理形态层面，认为其是具有数字化外形的虚拟人，不同于实体机器人，需要依托智能手机、PC、VR 等显示设备存在。在技术层面，认为其是存在于虚拟世界中，基于区块链、数字音视频、AI、3D、CG 等技术手段创造和使用的具有多重人类特征的"人造物"。在元宇宙层面，认为其是一种体验性媒介，也被视作元宇宙的入口。综上，数字人是基于数字技术和 AI 技术而制作出来的虚拟人物形象。它具有虚拟性、仿真性、自主性、智能化等特征,能够模仿人类的形象、声音、动作、表情,具有高度的逼真性,具有独立自主的思维能力,能够自主作出决策和判断,能够与用户开展全面的交互,独立完成各种任务。

2. **虚拟数字人在传媒领域的应用现状**

近年来,得益于人工智能技术的发展,数字人行业进入快速扩张期。根据艾媒咨询发布的《2024 年中国虚拟数字人产业发展白皮书》,2023 年中国虚拟数字人带动的产业市场规模和核心市场规模分别为 3 334.7 亿元和 205.2 亿元,预计 2025 年分别达 6 402.7 亿元和 480.6 亿元,这显示出中国虚拟数字人市场增长态势的强劲①。

目前我国数字人正在从技术创新走向产业应用,全国各地也正在加速布局。2022 年 8 月,北京市政府相关部门发布《促进数字人产业创新发展行动计划(2022—2025 年)》,这是国内首个数字人产业专项支持政策,该计划提出到 2025 年,北京市数字人产业规模将要突破 500 亿元。

随着 AI 技术的进步,虚拟数字人的智能化水平不断提高,其应用场景也越来越丰富,从 AI 手语主播、AI 虚拟客服到 AI 虚拟文物解说员,其在文化传媒行业落地应用的速度明显加快。例如,天娱科技打造的首个文化出海的国风虚拟数字人"天妤"、北京梅兰芳大剧院的"梅兰芳孪生数字人"、中国文物交流中心的"文夭夭"、新华网的"筱竹"、浙江卫视的"谷小雨"、国家博物馆的"艾雯雯"、中华书局的"苏东坡数字人"等,或在文博场所化身为导游,或担纲文化短剧主角,或成为对外传播中国文化的使者,令人耳目一新的角色形象将传统文化故事讲得活色生香。

2021 年,在北京梅兰芳大剧院剧场,由中央戏剧学院、北京理工大学合作研发的"梅兰芳孪生数字人"登台表演,该款数字人是我国第一款"京剧数字人",以我国著名京剧表演艺术家梅兰芳为创作原型,通过高逼真实时数字人技术,对京剧大师梅兰芳先生进行复现,形成在外貌、形体、语

---

① 宗诗涵,薛岩：2025 年核心市场规模有望达 480.6 亿元：AI 数字人何以成为行业"香饽饽"[N].科技日报,2024 - 05 - 20.

音、表演等各方面都接近真人的数字人形象。

2022 年 5 月 18 日，国内首个文博虚拟宣推官中国文物交流中心的"文天天"，除了在各大博物馆提供讲解、导览服务，还担任文博虚拟新闻官，经常跟随展览出海，传播中华文化。7 月，虚拟数字人"艾雯雯"在国家博物馆上岗。她身着汉服，穿梭于各个展厅，为各地慕名而来参观的游客介绍国家馆藏文物。

2022 年，天娱数科打造的首个国风虚拟数字人"天妤"惊艳亮相，"天妤"是以传统飞天和唐代女俑为灵感创作的一款虚拟数字人，融合了敦煌文化的风格特色。在品牌合作方面，"天妤"与网易旗下《倩女幽魂》手游达成深度合作，成为其首位游戏体验官。2023 年 4 月 7 日，"天妤"化身为国潮美学推荐官，携手国内知名珠宝品牌周大生，通过数字化的方式演绎以传世国宝名画"千里江山图"为创作元素的国潮美学系列新品，得到广大消费者的喜爱。在跨界联动方面，"天妤"与首位虚拟航天员"镜月"发布双人主题海报，共同致敬"中国航天日"。此外，天妤还进军泛娱乐领域，2023 年，"天妤"登上陕西卫视"2023 丝路春晚"舞台，与陕西省歌舞剧院真人演员刘梅共同演绎了歌舞《清平乐-禁庭春昼》，奇幻而浪漫的国风表演让观众眼前一亮。总之，国风虚拟数字人"天妤"自上线以来，始终坚持"科技＋文化"的形式，向世界传播中国文化，讲述中国故事。其绝美的国风形象给广大观众留下了极为深刻的印象，成为"火出圈"的虚拟数字人。"天妤"的出色表现获得来自行业的高度肯定，先后斩获"第七届中国新媒体峰会最具影响力虚拟人奖""中国最佳虚拟人代言商业化应用案例奖""2023 中国虚拟人百强"等多项大奖，充分彰显了该款虚拟数字人的IP 价值。

随着虚拟数字人在文化传媒领域的广泛应用，其用户规模也在不断扩大。相较于以往的聊天机器人、数字助理，虚拟数字人可更大范围地承接垂直领域的社会工作，提供更好的拟人化服务，深受广大年轻网民的喜爱。如虚拟数字人"洛天依"自出道以来，已成为娱乐圈的"常青树"，吸引大量年轻粉丝。"洛天依"的成功背后不仅是时代机遇，更在于源源不断生产内容。"建构在虚拟世界中的真实情感连接是其粉丝所渴望的。"

2022年，蓝色光标公司打造的数字人"苏小妹"一经亮相便受到许多网民的喜爱，该款数字人是以传说中苏东坡妹妹"苏小妹"为原型而创造的。如今，"苏小妹"已被四川省眉山市特聘为"数字代言人"和"宋文化推荐官"，不仅登上各大舞台，还作为演员推出系列短剧，俘获了众多的粉丝与巨大的流量。

目前，虚拟数字人的技术逐步成熟，产业发展已初具雏形。在产业链上游，已经有了很多掌握虚拟数字人核心技术的研发主体，包括动画渲染技术、建模技术、采样技术及与 AI 相关的算力升级、算法开发，都是虚拟数字人在传媒领域落地的支撑。在产业链中游，出现了大量提供行业方案的平台方，作为虚拟数字人落地的探索者、设计者以及连接上游开发和下游生态构建的关键环节，负责形象设计、基本运营、品牌维护等。在产业链下游，云集了大量虚拟数字人的运营方，与元宇宙技术紧密结合，主要负责不同类别虚拟数字人内容生态的创作和构建，呈现的是传媒领域应用虚拟数字人的最终效果。

二、虚拟数字人传媒领域的风险和挑战

1. 人的"数字化"带来技术控制隐患

虚拟数字人的出现和大规模应用，导致了人的"数字化"。在媒体融合进程中，传统媒体高度重视大数据和人工智能技术，一些大型传媒机构依托于自身雄厚的资金、技术实力，纷纷推出自己的 AI 主播、虚拟主持人、虚拟博主等的各种数字人，如封面新闻的"小封"等，央视的"康晓辉""央小天"，新华社的"新小浩""新小萌"，人民日报的"新小微"等，这些数字人凭借强大的信息处理能力、良好的交互、即时信息反馈等优势，获得了众多粉丝和巨大流量。借助于 GAI 等先进智能技术的赋能，这些数字人已经能够部分替代人的工作岗位。因此，随着 AI 技术的发展和数字人功能的完善，虚拟主播会不会逐渐取代真人主播的担心和焦虑也随之出现。实际上，在许多行业，AI 已开始大范围替代人类的工作了。2024 年 2

月，瑞典的一家大型零售业公司 Klarna 表示，基于 OpenAI 构建客服聊天机器人，正在替代 700 名人工客服人员的工作岗位。美国伊利诺伊州布卢明顿的一家名为 Little Beaver 的啤酒厂正在使用"Slang.ai"人工智能客服系统来为用户提供各种服务，如为客户咨询提供咨询服务、自动接听客户电话并预订座位等。国内传媒行业中，数字人的应用也是日益普遍，如央视推出的 AI 虚拟主持人"王冠"，已开始在"冠察两会"栏目中承担主持人的角色，"王冠"在节目中能够进行简单的新闻播报，并和真人进行简单的互动。在外观上，由于渲染技术的大量应用，数字人王冠和真人主持人王冠的形象高度逼真，两者几乎很难区分。

数字技术的发展使机器的主体性日益增强，人的主体性日渐遭到削弱。数字人在生产生活中的大规模应用，将进一步把人类从社会的中心推向边缘，人类日益成为技术的附庸，被技术所宰制。随着数字化的存在方式被整个社会接纳和认同，那些未能参与到数字化生产当中的人很可能遭到排斥。换言之，在数字化社会中，身体的自然存在已被置于次要位置，人的身体已被异化为一个个符号、数据，能否数字化已成为衡量身体的一个重要标准。当人类用机器来减轻身体的负担时，身体本身已经成为数字时代最大的"负担"①。当数量庞大的数字人不用占据过多的物理空间、不用消耗过多的资源就能以虚拟身份存在于赛博空间并处理各种复杂任务时，人类有形的、容易衰败、需要保养的身体反而成为整个数字帝国急于甩掉的包袱。从政治经济学的视角来看，智能化的机器更能满足资本增值对于劳动力的需求，数字人具有远超人力的耐力和体力，能够24 小时全天候工作，因而比普通劳动者更符合资本的期待。在农业时代、工业时代不可或缺的身体，在数字时代已丧失了独特性和优越性，越来越具有被机器替代的可能性。由此可见，数字技术和人工智能技术的发展将剥夺一部分人实现自身本质力量的机会，最终导致一部分身体被排除

---

① 王淼，向东旭.关于数字资本全球扩张的政治经济学分析[J].世界社会主义研究，2023，8(12)：87-96,120.

在社会关系、经济关系之外，成为数字时代的"冗余人"①。

2. 算法难题和成长困境

随着虚拟数字人在传媒领域的应用日益普遍和广泛，用户对数字人的期望和要求也日益增强，除了要求数字人更具智能化和个性化，还要求其拥有极强的成长能力，能够实现自我更新和迭代。但虚拟数字人毕竟是"人造物"，虽然看上去具有"人"的外形特征，但其动作、行为背后是以强大的算法为基础的，其本质仍然是基于数字技术创建的虚拟存在。假若没有算法的支撑，数字人就无法呈现、无法行动、无法与用户进行交互。由此可知，虚拟数字人本质上是一种"算法人"②，其成长依赖于算法的进步和完善。算法在数字人的行动和决策中发挥着至关重要的作用，是数字人进行数据处理、开展智能化服务、实现人机交互的关键要素。

虽然算法在数字人的行动中发挥着决定性的作用，然而，算法的应用也面临着潜在的风险和挑战。第一，用户隐私数据泄露风险。算法的训练和预测需要收集和调取大量的用户数据，若对数据管理和应用不当，可能导致个人隐私的泄露。为防范隐私泄露风险，需要强化数据安全管理，制定严格的数据保护政策，加密数据传输和存储，限制数据访问权限。第二，算法透明度和可解释性风险。算法的训练依赖高质量的数据支撑，如果用于训练的数据本身存在问题，如使用错误数据、虚假数据，可能导致算法决策出现稳定性和准确性偏差。另外，目前人工智能所使用的深度学习算法是一种经典的黑箱算法，人类现阶段未能从技术上破解算法黑箱，对特定算法的运行规则还难以生成具备逻辑关系的解释，由于算法本身的可解释性程度较低，导致其决策的透明度不佳，与之伴随的算法归责和法律救济面临挑战。第三，算法偏见和歧视风险。在搜集数据的过程中，如果输入的数据缺乏代表性或公平性，算法模型很可能生成歧视性的

---

① 方兴东，何可，钟祥铭.国内—国际融合传播：信息全球一体化背景下的国际传播新格局[J].社会科学辑刊，2024，(4)：208-218.
② 邹星芃.情感分析算法下二次传播的涵化研究[J].新闻世界，2024，(11)：25-27.

决策。在模型的设计阶段，算法设计者也可能将自身的主观偏见带入模型中，由此导致算法输出的结果存在歧视或价值偏差。算法偏见不仅违背公平和正义原则，还可能导致对某些群体的系统性歧视，给相关使用者带来重大法律和道德风险。

3. 道德伦理问题和法律风险

随着 GAI 技术在数字人中的应用，数字人的智能化水平得到进一步提升，虚拟数字人迎来新一轮的爆发式增长。但是，GAI 是基于大数据基础上的大语言模型，其在训练过程中需要收集海量数据，这些数据来源十分广泛复杂。根据个人信息保护法的规定，向他人提供个人信息或者对外公开个人信息的，均应取得用户本人同意。因为用户使用 GAI 时需要向机器提供数据，例如提出问题或者给出提示词，而这些数据本身则可能被用于人工智能的训练。虚拟数字人在与用户互动过程中，也可能收集和处理大量个人数据，如用户偏好、行为习惯等。因此，如果服务提供者未经他人同意搜集、存储和使用他人信息，可能存在侵犯他人个人信息和泄露用户隐私的法律风险。GAI 在收集数据中，要使用他人作品，如果这些作品未征得作者同意而随意使用，可能存在侵犯他人著作权的风险。根据我国著作权法的规定，作品的创造者享有作品的著作权，行为人未经著作权人许可擅自使用他人作品，构成侵权行为。

为了规范 GAI 的应用，我国先后颁布了一系列法律法规，早在 2017 年，国务院就颁发了《关于印发新一代人工智能发展规划的通知》，提出要建立人工智能安全监管和评估体系，加大对数据滥用、侵犯个人隐私、违背道德伦理等行为的惩戒力度。随后国家相关部门又相继出台了关于人工智能应用的一系列文件，如《关于加强互联网信息服务算法综合治理的指导意见》《互联网信息服务算法推荐管理规定》《生成式人工智能服务管理暂行办法》等，这些指导意见、管理规定和实施办法均对互联网信息服务作出了明确的规定，要求算法推荐服务提供者不得利用算法推荐服务侵犯他人合法权益。

三、人工智能时代虚拟数字人未来发展趋势

随着 AIGC 的快速发展，数字人的应用范围将持续拓宽。除了目前已经在电商、新闻出版、社交媒体、短视频、直播等领域得到较为普遍和成熟的应用外，未来随着元宇宙技术、人工智能技术的进一步发展，还将有更多以数字人形象为载体的新应用场景涌现，数字人的应用将呈现更加个性化、多元化、多样化的特点。

1. 从"造物"到"造情"，重视个性化表达

随着深度学习和自然语言处理技术的不断发展，AI 数字人将不再仅仅是与真人形似的机器，而是能够感知情感、表达情感和建立情感联系的虚拟伴侣。未来 AI 数字人将具备丰富的情感表达能力，可以模拟人类的喜、怒、哀、乐等各种丰富的情感。这意味着它们能够更好地理解和回应我们的情感需求，使我们在与它们互动时感到更加自然和愉悦。AI 数字人的情感智能不仅体现在其能够与用户进行完全的交互，还能够与用户建立亲近感，这种个性化的亲近感使用户感到被理解和关心，从而有助于减轻孤独感和焦虑感。AI 数字人情感智能的提升需要通过算法赋能以丰富其情感表达；通过价值赋能，使其拥有具体明确的价值观和判别是非善恶的能力；通过标签赋能，使其形象、特质更加契合具体的场景应用。

2. 迈入多元化应用，高效服务用户

虚拟数字人具有为场景赋能、情感陪伴、提供功能性服务、智能仿真等多元功能，为了充分发挥这些功能，必须重视虚拟数字人的多元化应用①。目前，写作机器人、AI 记者、AI 主播、AI 主持人、AI 虚拟客服等数字人已在传媒行业得到广泛应用，各种类型的数字人已成为传媒工作者的得力助手。以"写作机器人"为例，作为传媒全产业链条中的上游生产环节，写作机器人借助于生成式人工智能技术的加持，可以在短时间内自

---

① 刘建泽.从赋能到"赋魂"：虚拟数字人在传媒领域的应用现状、挑战及展望[J].传媒，2024(7)：52-54.

动生成各种文本、图片和音视频内容,省去人工进行信息采集、数据分析、审核校对等冗长、重复的工作环节,极大地提升了新闻生产的时效性,为传媒内容生态注入新的活力。这种高效率的自动化新闻生产方式,丰富了新闻媒体的工具箱,在减轻新闻工作者负担的同时,也以创新的方式为新闻生产赋能,不断为新闻生产提供新的可能性。目前,"写作机器人"已在天气、球赛、股市等模式化、类型化文本写作中展现出强大的实力。

数字人在传媒行业的应用,重塑了内容生产机制、内容形态和价值内涵,为传媒行业的发展注入了新质生产力。但是,任何新兴技术的出现和应用都具有两面性,人工智技术在为传媒内容生产和传播带来便捷、高效和精准的同时,也带来一些伦理、道德、法律等方面的风险。人工智能借助于海量的数据库知识以及深度学习、自主学习技术,能够生产出具有一定创意性的内容,但其自身并不具备情感、道德等方面的认知能力。其生产的内容是利用深度学习技术对庞大数据库进行学习和训练的结果,而非基于深刻的道德或哲学思考,难以与丰富和复杂的人类价值体系"对齐"①。换言之,当下数字人的"灵魂"和"意义",仍然需要人类去赋予。在人工智能发展的浪潮下,传媒行业既要以包容的姿态,探索数字人在行业中的应用,又要秉持审慎的态度,对数字人在传媒领域应用过程中可能产生的伦理道德风险和法律风险进行防范。为此,传媒行从业者要加快更新思维理念,努力学习新知识、新技能,提升自身的数字素养和技能,借助人工智能的强大赋能提高工作效率,同时,又要积极发挥好"把关人"角色。要清晰认识到人工智能的能力边界和应用中的潜在风险,坚持以主流的价值导向"驾驭"算法。

总之,随着人工智能技术的进一步发展,数字人在传媒行业中的应用已成为不可逆转的时代浪潮,传媒机构、技术公司、传媒工作者需要共同努力,制定将人工智能纳入传媒行业的指导方针、伦理道德规范和最佳实践,通过三方的协作,以确保人工智能始终成为传媒工作者的合作伙伴,而不是用以取代传媒领域的人性化和批判性思维。

---

① 吕绍刚.AI 改变新闻实践[J].传媒,2024,(12):15-16.

第四章

AIGC 时代的传播变革

随着人工智能大模型不断优化,人工智能内容生成能力持续迭代。人工智能破圈进入人类精神产品生产领域,将为传媒业带来结构性的变革。人工智能生成内容具备多模态与多元融合的特征,人工智能与人共同成为信息内容的生产者,人机协同日益成为新的信息内容生产方式。人工智能解放了信息内容生产力,推动信息传播扩能增效。与此同时,其可能带来的传播与社会问题也不容忽视。

第一节　AIGC 背景下的信息传播

一、人工智能生成能力持续升级迭代

2022 年 11 月,美国 OpenAI 公司发布了 ChatGPT 人机对话交互模型。ChatGPT 作为大语言模型,通过海量数据训练,具备自然语言理解和生成能力,能够应用于人机交互和人机对话场景,可理解和回答各种形式的语言输入,可以自生成文字文本和代码。由于 ChatGPT 友好的交互性和超强的学习能力,引发了全世界的普遍关注,引爆了全球人工智能的技术角力。

在 2022 年推出大语言模型 ChatGPT 后,以 ChatGPT 为代表的人工智能技术引发新闻传播学界和业界的普遍关注。2023 年,OpenAI 首届开发者大会发布 GPT－4 的升级版 GPT－4Turbo,其拥有更长的上下文窗口、更快的输出速度,企业客户可通过调用 API 构建多模态应用。2024 年 2 月,OpenAI 进一步发布 Sora,Sora 打通了文本、图片、音频、视频等各类媒介之间的界限,具备文生视频能力。

2024 年 5 月,OpenAI 正式发布 GPT－4o,这一模型同时具备文本、图片、视频和语音方面的能力。人机交互所使用的符号类别边界拓展,形

态从单一逐渐走向多元。机器语言生成从文本人机交互，到图片人机交互、音频人机交互、视频人机交互等多模态覆盖各类符号类型的人机交互。

人工智能生成能力持续迭代，与深度学习模型不断完善、开源模式的推动密切相关。人工智能技术并不是横空出世，其发展经历了技术发展的早期概念阶段与 20 世纪 90 年代的沉淀积累阶段，直至今天的快速发展阶段。计算机学者图灵提出了人工智能的设想，神经网络研究领域经历沉浮、式微后迎来复兴，深度神经网络的升级是推动 AIGC 快速发展的主要因素。2014 年，生成式对抗网络（GAN）提出，GAN 通过人工智能内部生成、判别两套模型进行迭代训练，实现根据输入的信息生成新图像。国内一些高校和研究机构的大模型采用了开源模式，开源模式推进了人工智能技术的创新扩散历程。

生成式对抗网络需要用判别器来判断生产的图像与其他图像是不是属于同一类别，使得自动生成的图像停留在对既有作品的模仿阶段，缺乏创新。基于生成式对抗网络模型难以创作出新内容，也不能通过文字提示生成新内容。但新的模型 Diffusion 解决了这一问题，该模型通过学习给图片去噪的过程习得如何生成有意义的图像，所生成的图片相比生成式对抗网络模型的精度更高，随着训练样本数量增加以及深度学习时长的积累，这一模型呈现了模仿艺术风格的能力。神经网络模型在多模态维度取得重要进展，2021 年，OpenAI 发布了用于匹配文本和图像的神经网络模型 CLIP（constrastive language pre-training），该模型能够对文字进行语言分析，并能对图形进行视觉分析。两个模型的融合让人工智能自动内容的质量得到了质的提升。

ChatGPT 和 Sora、GPT - 4o 相继问世，开启了 AIGC 全面主流化进程。随着人工智能应用的落地，众多互联网头部企业关注人工智能赛道，微软、谷歌等公司纷纷加大对人工智能的海量投资。微软在 AI 领域持续投资，投资 OpenAI 公司后，又开始卷入开发大模型赛道，投资大模型 MAI - 1，Google 公司的大模型 Gemini、OpenAI 的 GPT - 4 等是较为先进的大模型。微软旗下人工智能图像生成工具 Copilot Designer。国内的百度、阿里、科大讯飞、腾讯、抖音等公司布局人工智能产业，对外发布各自的新一代落地产品。腾讯发布写稿机器人 Dreamwriter，阿里巴巴旗下 AI 在线设计平台鹿班实现海报设计生产，抖音母公司字节跳动推出的剪映和快手推出的云剪，已能够支持 AI 视频创作。百度发布人工智能艺术和创意辅助平台"文心一格"，可快速生成 AI 画作。2023 年 2 月，谷歌推出了一种视频生成新模型——Dreamix。在海外，谷歌、Meta、微软等科技公司也不断推动从文字、图画走向视频的 AIGC 创新迭代。

AIGC 提供了数字内容创新发展的新动力，为数字经济的建设提供新的动能。AIGC 生产效率和数据挖掘、信息集成能力优于个体信息内容生产者，在素材获取、数据调用、自动生成等层面能及时满足不同用户的个性需求，其虚拟现实内容生成能力能够以优于人类的制造能力和知识水平完成信息挖掘、素材调用、复刻现实等任务，使得数字信息产品生产边际成本进一步降低，同时效率进一步提升，并能满足每一个个体用户的个性化需求。

随着人工智能技术发展步入快车道，AIGC 因为其快速的反应能力、生动的知识输出、丰富的应用场景，在社会生产和生活的方方面面发挥着重要的作用。电子商务平台的发展经历了从电脑端到移动端的演进，未来将面临向虚拟世界的演进，沉浸购物体验是电商发展的方向，虚拟主播、虚拟货场，在增强现实、虚拟现实等先进技术的集成下，电子商务平台将为用户带来更身临其境，虚实共生的视听购物体验。

总体来看，AIGC 正在发展成与其他各类产业深度融合的横向基础应用，加速渗透到经济社会的方方面面，在智能医疗、金融保险、智能制造、智慧教育等各行各业创新扩散，降本增效，推进虚实融合，加快产业升级。目前，人工智能生成内容已经在多个领域得到广泛应用，未来应用场景会更加多元，生态建设日益完善。就其对新闻传播带来的变革而言，人工智能生成内容给新闻传播学内容生产和传播格局带来了新实践、新挑战以及新趋势。对智能媒体语境下内容生产和传播格局展开研究，探索面向智能媒体的传播业态创新的理念、途径和模式，具有明确的现实关照和实践指导意义，有助于为新闻传媒业发展提供理论支持，推进新闻新闻传播行业改革实践。

二、人工智能生成内容带来信息传播扩能增效

人工智能具有自然语言识别、音视频生成能力，根据用户发出的指令，通过对话机制，迅速响应用户指令，生成千姿百态的信息内容产品。随着人工智能与用户的多次交互对话，人工智能能够更精准地理解用户意图，并能自动生成用户所需的文本、图片、动画、音视频乃至虚拟现实场景的信息内容，并且信息内容具有多个风格和多种类型。这必然对信息产品的生产创作、运营分发、营销推广产生影响。信息产品的生产和接收发生改变，就其在传媒业的落地应用而言，在新闻播报等新闻报道领域、广告公关领域，以及电影电视剧制片领域、数字娱乐领域等数字流行文化领域展现其强大的创新性和落地能力，涌现了虚拟数字人、新闻自生成、虚拟主播、智能播报、数字复活、数字偶像、智能客服、创作机器人等新业态和新应用，也引发了学术界对这一技术热潮的普遍关注。尽管 AIGC 概念炙手可热，但对于其大规模商业化在行业内人士看来仍需时日。例如 AI 绘画的商业运用和变现模式还在摸着石头过河，变现方式单一。从个体用户维度上看，为 AIGC 付费意愿有待提升。

智能算法技术不断升维，从早期的前深度学习阶段发展到现在的深度神经网络迅速发展的深度学习阶段。算法、算力和数据的演进让 AIGC 能够运用模型对真实世界进行复刻，并能按照指令生成可交互的、高质量的既定内容，在简单场景的内容生成初见成效，但仍然面临着现实世界复杂场景下内容自动生成的技术难题，问题的解决依赖 AIGC 技术的继续发展。

人工智能生成内容是人工智能技术和产业应用的一个主要应用，中国信息通信研究院所发布的《人工智能生成内容白皮书》指出形成国际共识、建立全球生态、争取更加广泛的开发者和应用场景对人工智能生成内

容具备十分重要的意义。人工智能技术持续发展,尤其在多模态以及大模型维度,取得重要进展,基于这两个方向的突破,AIGC 技术被广泛应用于生成音频、文本、视觉等多种模态的数据和信息。当下 AIGC 技术取得应用创新和产品落地的核心能力,即具备了数字内容孪生、数字内容创作以及数字内容编辑的能力。AIGC 的能力根据其所面向的对象以及所能实现功能的差异性可细分为三个层次。其一,数字内容孪生,通过虚拟现实内容产品的建构,形成从真实世界到虚拟平行世界的映射,将真实世界中人和物的物理属性以及社会属性对应虚拟平行世界,人工智能生成内容发力对真实世界的复刻,提供可创造性,拓宽元宇宙的边界。其二,数字内容编辑,基于数字内容孪生,建构真实世界与虚拟世界的交互空间和对话渠道,允许基于虚拟世界的内容产品进行语义理解和属性控制,从而对内容进行改动、修复和增强,为真实世界的应用提供优化途径。其三,数字内容创作,通过算法和算力自动进行内容创作,使得 AIGC 产品超越个体生产者的创作水准。三个面向的能力共同构成 AIGC 的能力循环。

随着 AIGC 核心技术的不断发展,其内容孪生、内容编辑、内容创作三大基础能力将显著增强。深度学习近年来的快速发展带来了深度神经网络技术在大模型和多模态两个方向上的不断突破,并为 AIGC 技术能力的升级提供了强力的支撑和全新的可能性。

2022 年,人工智能获得爆发性的发展,成为人工智能应用元年。ChatGPT 上线 5 天后,用户数量过百万,其推出两个月后,使用月活用户数过亿。人工智能生成内容获得发展的三个核心要素分别是,海量数据、超强算力以及算法升级。

基于海量数据的训练,通过算法的迭代升级以及超强算力,机器学习能力不断增强,文生图、文生视频、文生音频能力不断提升。机器作曲、写代码、写小说、写剧作、机器绘画创作、音视频创作、动画创作成为落地的应用。就产业而言,人工智能生成内容深度嵌入其他互联网公司产品中,通过相互协作,提高市场竞争力,例如美国公司微软将 ChatGPT 引入其旗舰产品 Office 中和搜索引擎 Bing 中。

AIGC 对于传媒业来说，最为显而易见的趋势是机器破圈突围，强势进入人类精神产品生产领域，高调介入人类独创的领域，无论是艺术绘画，还是音视频创作，或是虚拟主播，AIGC 作为新的媒介技术和媒介工具，其技术的集结性和综合性允许其作为新的内容生产工具，从单一的绘画、文生图等领域逐步扩散到全方位的内容生产领域，虚拟偶像和数字代言人介入产品营销过程，伴随着永不会有劣迹、日夜在线的数字代言人的推出，用户产品消费体验升级。

以传媒业的新闻生产环节而言，AIGC 促成人机协同生产，推动传统媒体向融媒体转型。在传统新闻报道的新闻采访、编辑、写作以及播音主持等传播环节，AIGC 都能大显身手。在新闻采访环节，采访同期声实时转写转译，北京冬奥会期间，国内语音智能知名企业科大讯飞的智能录音笔允许多语种自由转写。在新闻编辑环节，中央电视台在北京冬奥会期间使用智能内容生产系统，集成相关内容数据库，集纳体育新闻报道现场视频，深度发掘体育报道内容价值。在新闻写作环节，智能写作能够即时创造和生成内容，传统对新闻人专业素质衡量的一个标准是"下笔千言、倚马可待"，人工智能在新闻生成的时间和效率中，符合传统对新闻人专业素质的要求。在播音主持等内容传递环节，机器主播或数字人主播不但容貌可以自由设计为符合人们审美标准，具有较高的颜值，而且能随时随地在线，满足实时播报的要求。

海量需求牵引 AIGC 应用落地。随着数字经济与实体经济融合程度不断加深，以及 Meta、微软、字节跳动等平台型巨头的数字化场景向元宇宙转型，人类对数字内容总量和丰富程度的整体需求不断提高。先进技术应用于传媒行业，将大幅度提升信息内容生产效率，智能机器通过对海量数据的发掘和分析、提炼，能更好地发现受众的需求并提供。AIGC 对于普通人而言，是直接落地的内容生产工具，给终端用户带来新的体验。用户通过向 ChatGPT 发布指令，通过对话框回答用户提问，既避免了复杂的用户使用界面设计，又能够让用户获得基于海量数据的信息。AIGC 技术的落地应用，在技术界面的简易性以及用户使用期待之间实现了平衡。人工智能推动内容生产向更有创造力的方向发展,再造了内容生产流程,开拓了新的范式,为富有想象力的信息内容产品生产以及更加多样化的传播方式提供可能性。通过支持数字内容与金融保险、医疗阿康等其他产业的交融渗透、互动融合从而产生新的商业业态和新模式,从而为数字经济发展开拓增长极,为各个行业的发展提供动力。

人工智能的蓬勃发展与互联网发展的 Web3.0 时代互为表里,Web3.0时代内容消费需求飞速增长,传统内容生成方式难以适应不断增长的用户对内容急剧扩张的需求。无论是真实世界还是数字孪生的虚拟元宇宙世界,AIGC 提供了新的内容创作生成方案,并将对未来信息内容生产产生根本性的颠覆。根据硬件生产行业的基于经济学预测的摩尔定律,每隔一段时间,随着终端硬件如集成电路性能的倍速增长,终端硬件的价格却没有提升,即用同样的价格能买到更好的硬件产品,硬件产品的性价比伴随时间的推进和技术的完善不断提升。如果摩尔定律对于精神层面的信息内容产品同样有效,人工智能的介入将意味着信息内容的生产将能够通过机器以更低廉的生产成本、以提升百千倍的生产效率,实现大量生产和大范围传播。

从内容领域而言,人工智能所生成的内容一般视为 GAI 内容,从文字到音频、从音频到视频、从静态的图像到动态的动画,人工智能技术的边界拓展带来多模态内容生产的便利性和简易性,提高了信息生产的创造力以及生产效率。从受众领域来看,人工智能技术通过算法推荐和算法参与,介入用户接受的过程。人工智能基于大规模语料训练的大语言模型,基于大数据的分析和预测,生成多种符号载体的新内容。从传播效果来看,人工智能的数字化和智能化特点,带有对受众的天然亲近性,多模态信息内容载体符合受众的接受心理,带来传播效果的改进。对人工智能的认识给传播带来的变革显而易见的是从人工智能生成内容可能引发的内容生产力的极大升级来认识,从数字内容生产和信息产品的丰富而言,随着人工智能生成技术的迅猛发展,智能终端的设计研发,人工智能生成内容生态链是之后发挥数据要素红利、升级传统产业、促进数字经济发展、构建数实融合、建构元宇宙世界的重要推手，人工智能生成内容甚至将引领人类迈入全新的数字文明时代。

三、人工智能生成内容改变信息传播全链

1. 传播结构要素

人工智能正在全面改变信息传播全链，使媒体从移动互联网媒体转变为智能媒体。智能媒体的结构、系统、服务及监管，对传媒业的业务实际和监管管理带来了新的挑战。智能媒体的发展是为用户提供一个功能完善、更好体验、更便利的媒介服务。其运用智能技术，能够在内容上自动生成和对传播过程实施控制，为用户提供良好的响应速度和反馈输出。

2023 年后，AI 高速发展，成就斐然，其作为未来技术趋势的地位彰显。AIGC 获得较大发展，促使内容生产更加高效。机器自生成内容所使用的媒介符号和模态多元化。就传播要素和传播结构而言，最简明的模式是传播的线性模式。模式可以表示为① 要素；② 关系和结构；③ 过程；④ 功能。拉斯韦尔模式认为信息传播过程从传播者生产信息，将信息通过媒介渠道再到受众，最终取得信息传播的效果。这一过程可以析分出传播的五个关键结构要素，即传播者、信息、媒介、受众以及效果，进而确立了传播过程的 5 个基本板块，分别是传播者研究、内容研究、媒介研究、受众研究和效果研究。以拉斯韦尔模式所划分的模块分析，从传播者研究而言，传播者从具象的人演进为人与机器，在人与机器的相互关系和结构上，真实的传播者与虚拟的数字人共同参与数字新闻播报和数字内容生产，其特征可归纳为人机融合，互联互通。

2. AIGC 介入给信息传播产业链带来结构性的变革

人工智能生成内容使得信息生产结构发生变化。在信息流通的全产业链环节，信息生产、信息消费过程中传播者与用户的角色及其相互关系，以及信息生产将必然产生结构性的变化。

就信息传播者的角色而言，传统的传播者以人类为主体，机器作为辅助，其信息输入和输出构成职业传媒人和传媒机构与广大用户的互联，以

及职业传媒人与传媒结构的互动,不同传媒机构之间彼此的互动。但人工智能生成内容介入后,传播者格局更新为人类与机器共同作为传播的主体,人机共生,就信息输入和输出的网络链路而言,在职业传媒人与传媒机构之外,加入了作为传播者的人与机器的互动,以及作为受众的人与机器的互动,信息反馈的链路迅速而高效,信息供给-信息接收-信息输出的过程,既是人参与信息内容再供给和再输入的过程,也是机器参与信息内容再供给和再输入的过程。人工智能在信息传播的起始端,传播者维度全新升维,技术或机器作为内容创作者加入传播者的行列。AIGC 在信息生产中扮演的角色,不再是传统的辅助内容生成的辅助者,而是与人类共存的合作者,在信息内容生产进程中,生成式人工智能通过不断改善技术能力和对话能力,改变了原有的身份角色。机器主导的内容生产比工业流水线自动化生产效率更高,促进知识生产的规模扩大,信息发送具有精准的特点。尽管机器生产效率较高,但作为主体的人的主体性仍具有优势,人类的对自我的反思及其表达,在美感与意义生成,经验与直觉等方面的优势,以及共情互动的能力,是目前机器所不能匹敌的。

AIGC 是影响信息生产以及流通、分发的新媒介技术。在信息流通和分发的环节,生成式人工智能基于大数据做消费者分析,学习消费者的兴趣和偏好,使用用户既往信息生成用户画像,运用其偏好数据进行个性化的信息内容推荐,人工智能生成内容生于技术,也必将发展于技术。

人工智能能够理解自然语言、进行推论、学习并解决问题的智能计算机。其覆盖领域包括图像识别、声音识别、专家系统、机器学习、处理自然系统等。算法模型是人工智能落地的"承载体",其复杂度不断加深,解决问题的能力以及服务的业务场景也不断增强。算力可以被视为支撑人工智能走向应用的"发动机",芯片、加速计算、服务器等软硬件技术和产品的完整系统提供超强算力,帮助算法快速运算出结果。数据作为人工智能的基础,为人工智能的实际应用提供材料。IBM 提出大数据具有以下特征,① 大量(volume);② 高速(velocity);③ 多样(variety);④ 低价值密度(value);⑤ 真实性(veracity)。

人工智能技术的实践应用，带来了一股人工智能与各个行业融合的技术趋势，也对传播的各个环节都产生了颠覆性的冲击与解构。随着人工智能技术的不断应用，传播主体、传播理念、传播模式、信息传播环境等都发生了巨大改变。人与机器共同构成信息内容生产者，智能时代，人人皆媒，万物皆媒，大量智能传感设备的应用使生产主体发生改变，机器加入传播生产的阵营。诸多国家队媒体在具体业务中采纳 AIGC。新华社智能平台"媒体大脑"基于传感器、摄像头、无人机等智能设备采集信息，结合相关数据，快速生成新闻。近年来，国家通讯社新华社不断加强变革，建设一流新型全球通讯社。2017 年 12 月，国家通讯社新华社发布了全国第一家媒体人工智能平台——"媒体大脑"。2019 年 8 月，新华社智能化编辑部投入运行，建设人工智能时代的内容生产基础设施，智能合成主播随之上线，开创了新闻播报领域实时音频与人工智能合成的播报范式，智能合成主播依靠人工智能技术研发创建，以自然语言交互和知识计算为基础，提取人类主播的声音、表情、动作、唇型等特征，随之人脸识别与建模、合成语音、唇形以及表情，复制真人主播。智能合成主播响应非常迅速，键入播发的文本，即可生成新闻视频，且随时在岗，永不下线，报道时效性得以提高。2019 年，国庆阅兵典礼直播中，中央电视台新闻播报即时人工智能剪辑，为用户提供更多分类别、分项的选择。人工智能平台类似传统工厂的零件流水组装线，机器将新闻内容拆解后重新组接，生成更多的内容形态和类别。2020 年，《人民日报》智能平台"创作大脑"正式发布，该平台由《人民日报》研发，百度予以技术支持，智能平台具有智能拆分、视频、图片处理、字幕处理、数据可视化、新闻实时监测等功能，其应用覆盖内容策划、采集、编创、效果分析等各环节和业务场景，能够实现内容智能化生产及协作，形成集智能化、场景化、自动化于一体的全新工作模式平台。

人工智能丰富互联网的信息内容生产模式，带来新的 AIGC 模式。AIGC 又可称为人工智能合成媒体（synthetic media）是"通过人工智能算法对数据或媒体进行生产、操控和修改的统称"。对这一概念的理念可以从两个维度：① 作为全新的信息内容生产方式；② 基于技术自有的智能性特点，可以理解为信息内容自动生成的技术集成，表现出媒介技术进步带来的内容产品海量生成的特征。

在突发性新闻事件的报道语境下，人工智能生成内容由于其智能化和即时响应特点，具有显著的价值，尤其是在重大突发新闻事件报道或体育竞赛即时播报中，机器快速反应，根据已经编入的既定写作模板和新的新闻要素能在几秒内生成报道，几乎实现了零时差。人工智能的内容生成速度和自动分类、精准推送有需求的用户，基于算法技术的内容分发实现了与用户的高强度匹配，信息分发更加自动化、精准化、高效率。算法通过分析用户的点击率、浏览信息、停留时间来把握用户的兴趣爱好，从而不断为用户提供相关信息。但在深度报道领域，新闻现场的深入调查和多个信源的发掘以及新闻事实的发现，目前人工智能生成内容尚不具备此类功能。可以预见的是，未来人与机器的边界会打破，人机协同的信息生产方式成为新的信息内容生产方式。

四、生成式人工智能与媒介社会

人工智能生成内容从宏观层面，对社会产生影响。人工智能融入人们的线上生活以及日常生活，社会的媒介化以及智能化程度将会增加。人工智能生成内容作为媒介技术发展的最前沿，回应了传统社会向信息和智能社会趋势的转型。不管是先进媒介技术的进展，还是社会的转型，两者之间不是孤立的，媒介无时不在、无处不在，围绕和嵌入普通人的日常生活、工作和休息。社会变革的趋势与人工智能生成内容技术的涌现互相映射。

传统媒介产业的媒介组织不断探索转型升级之路，海外大媒体集团和机构的建立，呈现跨媒体和智能融合的特点。在信息化和智能化的趋势下，传统媒体无可避免地面临影响力下降，受众流失等问题，为应对这些变化，传统媒体布局智能媒体矩阵，探索适应媒介环境的媒介转型途径。媒介的转型或变革的参照系是社会变革，无论是在业务形态维度，多模态的内容形态成为主流,还是在商业范式中,单一广告营收向新媒体和智能媒体端倾斜,都体现了智能媒体和自媒体高歌猛进的趋势,传统媒体的既有盈利方式后劲乏力,意味着传统媒介组织不断遭受持续不断的新媒体技术浪潮的冲击,传统媒介组织在坚守媒介社会责任高地的同时,其形态和结构不断被解构,不得不需要重塑内容产品结构和组织结构,再造内容生产流程,跟随转向融合媒体和智能媒体的趋势。

传统媒介组织的变革既顺应了以用户为中心的经营管理理念,也推动了社会向信息化和智能化的转型。媒介转型的推动力量不仅源于自上而下的政策引导,还源于市场竞争中为获取优势地位的驱动力,来自广大用户的智能媒体选择对传统媒体构成无所不在的压力。媒介组织的变革一方面适应先进媒介技术一波波的浪潮,另一方面以互联和智能思维等价值观重构传统媒体。纵观媒介技术的演化史,从语言媒介,到文字媒介、印刷媒介,再到电子媒介、网络媒介、智能媒介,每一次媒介技术的创新和技术革命,都必然地改变了既有媒介的格局,对既有媒介市场进行了重构和重组。社会学者拉斯韦尔提出大众传播媒介的基本功能,分别是大众传播媒介对宏观环境的即时监视功能;社会协调功能,大众传播媒介对重大事件进行选择、解释和评论,重组意见频道;社会遗产传承功能,今天的新闻是明天的历史,大众传播媒介延续社会的文化传统。

在 AIGC 的加持下,大众传播媒介的各种功能得到进一步加强,先进媒介技术的演进强化和放大了大众传播媒介的基础社会功能。以环境监测而言,智能平台的大数据和算力分析提供了社会趋势发展的风向标和坐标系,传统流感预测是公共卫生部门和医疗卫生系统的工作任务,但谷歌开发的流感趋势系统(Google flu trends)通过和流感有关的互联网搜索,来预测和评估流感传播范围和状况。这一预测技术是基于数据挖掘和社会媒体扩散,谷歌通过搜索引擎里面的关键词检索日志的数据库曾成功预测了美国流感爆发的时间和规模。在流感发病率激增的季节,用户通过使用网络搜索工具了解流感的发病情况和疾病应对措施,在这一时期,许多与流感相关的搜索语词,如流感、流感疫苗等词频增加。同时,网络社交媒体用户会使用推特等社交媒体工具披露个体以及周围的人们是否感染流感等相关信息。大数据帮助人们准确预测流感可能爆发的时间,类似的预测应用还有对股价变动,房产价格和选举结果的预测。基于数据的累积分析,谷歌构建了关键语词与流感发病率之间的模型。在具体应用中,谷歌分析了海量搜索行为中的少数关键词,比美国疾病控制中心提出的公共卫生系统官方预报还要提前。2004 年至 2008 年期间,谷歌较为准确地预测了每年流感的发病趋势。但后续有的年份流感爆发时间的判断与实际时间有较大差异。谷歌的解释认为由于用户和媒体对预测结果的特别关注,导致使用搜索引擎,搜索相关关键语词的行为发生率提升,对趋势预测判断产生了噪声。在算法迎合与用户偏好的算法理性法则支配下,企业为获得更好的收益,使用算法优化匹配用户需求,为用户推荐关键语词,尽管它们并不是用户所需要的,然而具体的搜索行为已然发生,作为一条数据并记录在后台。智能互联网和社交媒体平台让机器能够更容易、更快速地评估可能的发展状况,并覆盖更广泛的人群,尽管谷歌不断改进模型的算法,但实际判断中,大模型的判断并不总是准确的,模型偏离时有发生。尽管如此,智能平台的内容判断以及趋势预测仍然不可避免地对公众生活和疾病防范产生印象。

　　AI 工具及应用涌现,随着 AIGC 技术不断优化,其对信息内容生产力的提升能力将进一步释放,解放内容生产力。在图片图像生成领域,AI 生成图片曾在 AI 绘画中获奖。AI 绘画工具 Midjourney 允许创作者在没有画画素养背景下,自由生成数字艺术图像图片。2022 年在美国科罗拉多州举办的新兴数字艺术家竞赛中,有参赛者没有画画基础,仅仅使用人工智能工具生成作品并最终获得一等奖,这引发了行业内的热议。人工智能技术仍存在局限,掣肘产业发展进程。例如算法基于商业驱动的算法理性,一味迎合用户偏好。另一方面,AIGC 应用与内容生产的编辑和创作技术还有待完善,例如 AIGC 应用于视频自动生成,目前只能自生成基于简单场景的视频画面。

　　AIGC 如影随形的算法无孔不入,算法责任包括作为大模型平台的生产者的算法责任，以及作为终端个体，算法用户的使用者的个体责任。

对虚拟世界和现实世界交互场景的织造，数字化复刻是对现实的弘扬和数字化重塑，虚拟空间和现实空间的增强融合，基于现实的作为主体的人的真实体验在虚实交互下得以增强，人的身体及其展演将赛博格化，嵌入智能网络中。真实物理存在的身体基于智能技术所创建的智能分身或数字分身对身体分化，也重构身体的物理存在与真实体验。在真实物理存在与数字分身之间连接的平衡，带来物质实体的虚拟化，身体分身的满足，虚拟自我和现实自我的冲突，个体活动被全程、全息投射在数字世界，个体被赛博格化，以数字化的方式分解。数字空间更多的具备"具身性"。

海量的信息产品争夺人们有限的时间以及稀缺的注意力，传媒经济本质上是注意力经济或是影响力经济，在 AIGC 强势扩张、来势汹汹的加持下，AIGC 产品抢夺用户优先的注意力或是影响力，将影响传媒业的结构。技术演进、媒介变革与社会转型相互建构。人工智能对传播行为的介入是全方位而系统的介入，控制具体的传播过程和传播行为，影响传播的效果，虽然带来信息内容生产的高效，但也带来潜在的社会问题和社会行为风险。从信息内容的生产、提供的传播者要素，信息内容的流通和渠道的媒介要素、信息内容的接受的内容要素，参与的受众要素以及信息内容获取效果的效果要素等传播过程的全结构要素构成整体而系统的影响，人工智能的控制环节深入信息传播过程的每一个路径和节点。

信息流通的传统模式是人作为传播者生产信息内容，再通过媒介将信息内容传递给受众。人工智能技术不但影响内容生产，而且构成信息流通环节新的外部环境，新的信息环境提供了信息生产新的意义，人工智能深度介入信息生产的社会过程，意义的交换在信息的生产者，即传播者以及信息的接受者，即受众之间增加了新的媒介介入。人工智能从传播和受众两个层面，影响传播者参与实践和受众的参与实践。传播者通过人工智能技术和人工智能平台的互动，信息生产从单一人的生产演变为人与机器的共同生产，主动参与和机器互动，体现了人与机器的互补和创造性。对信息传播过程的控制不仅是传播者的控制，新的媒介技术深度参与和控制信息传播过程。用户信息接收和消费端的个性化和精准化推送程度将进一步增强，AIGC 与元宇宙技术合力，形成基于元宇宙的自然社交网络，是时，机器将作为节点甚至是关键节点深度嵌入人们的社交网络结构。算法、人工智能生成内容在信息传播领域的运用带来了传播方式和传播活动的深刻变革，在这一新的趋势下，传播技术、传播内容、传播形态随之与时俱进，一言以蔽之，AIGC 对信息传播在宏观层面上产生系统性的影响。宏观层面，人工智能对社会环境及其变革影响。信息内容生产的演进从以传播者为中心过渡到以受众为中心，在人工智能介入信息传播流通各个环境的情境下，以受众为中心的理念可能会转变为以算法为中心，传媒业内部的结构体系和传媒从业者的行为模式也将发生改变。

新的媒介技术的演进带来传媒产业治理和管理观念的演进。人工智能的发展壮大将计算机生成内容从传统的辅助工具的辅助者变成了与人类生产者齐头并进的合作者，甚至是竞争者。AIGC 对传媒业的微观和宏观的管理理念和目标也将产生影响，各国传媒政策的制定目的无一不追求本国传媒业的发展和壮大，同时政府希望媒体在市场盈利取向与舆论引导导向之间获取平衡。对 AIGC 发展壮大的现实及对现实的认识使得各国政策制定者顺应 AIGC 发展壮大的潮流，适合社会实践和生活实践的需求，通过对 AIGC 技术的重视和普及应用，提升本土传媒业的竞争力，以适应全球传媒业的竞争。

第二节　AIGC 带来的传播与社会问题及其治理

AIGC 是技术创新的结果，促进虚拟现实与真实现实的互相融合，AIGC 即将带来的传播变革让人激动不已，但 AIGC 不仅带来信息传播结构和交互的创新，还带来新的对既有新闻传播伦理的挑战。AIGC 带来对既有人类社会价值观的挑战，从微观个体、中观媒介、宏观社会等各层面引发的法律、伦理和社会问题也已经显现。对 AIGC 的研究视角不仅从提高生产效率来看，其带来的社会问题和传播问题也不容忽视。

AIGC 促进人人参与信息内容生产，人人可以发声，信息内容生产进入人人参与与人机共生的时代，改变了信息内容生产行业的结构和布局，其技术的快速发展给信息内容生产注入了强大的创新元素和发展机制，但 AIGC 也由此带来虚假信息生产成本下降、虚假信息传播更为便利等问题，带来传播内容与版权归属和保护问题，带来社会公众对 AIGC 信任下降甚至信任崩溃的问题，以及因算法控制的信息分发为受众提供了一个限制性的信息框架而导致的算法控制问题。

一、人工智能生成内容的缺陷以及其对创作者职业替代的可能性

人工智能时代，人类的生活习惯和生产方式正在被重塑，科幻和现实渗透，惊喜与担忧交加。人与机器的未来是一场亲密的合作还是激烈的战争？机器会将人类的智能拓展到什么样的边界？目前尚难以预测。

AIGC 所依赖的算法存在缺陷，容易导致内容创建质量不稳定。ChatGPT 发布后，程序员问答网站 Stack Overflow 上出现大量 AIGC 问答内容，但由于内容的不准确性，该网站禁用了 ChatGPT。其发布官方公告，指出由于 AIGC 写代码的易得性、得到错误答案的可能性太高且看上去正确，带来大量的事实核查、代码核查、知识核查问题，为防止其创区的大量答案流向网络社区，损害用户获取正确答问的利益以及网站运营，临时禁用 ChatGPT 并临时禁用该软件。ChatGPT 研发团队亦表示人工生成的答案并不总是准确或相关的，也可能会误导寻求帮助的用户。AIGC 应用于编程，可以帮助研发者快速生产相关代码，使得程序员的工作职责从自主写代码过渡到自主写代码与审查 AIGC 生成代码准确性两者相结合，但目前的 AIGC 技术尚有很大的进步空间，根据美国 Purdue University 的研究团队对人工智语言风格等维度的研究，ChatGPT 的回答语言风格良好，但 52% 的回答不正确，77% 的回答过于冗长。同时，只

有在回答中存在明显错误时，参与实验的志愿者才能察觉到问题，在 39％的情况下，人类程序员并没有发现 ChatGPT 的错误答案。这一研究显示，基于现有的技术及其应用，AIGC 会犯诸多错误，如生成内容不准确或错误内容，而人类有可能无法及时发现错误。

对于 AIGC 的反馈结果，是否需要 AIGC 平台或软件承担内容责任，尚待商榷。如果将 AIGC 平台或软件视为信息检索的入口，与传统搜索引擎功能相似，那么 AIGC 平台或软件对内容的相关性和适当性应负有一定责任。如果将 AIGC 平台或软件视为内容生成的产品或服务从中盈利，AIGC 平台或软件或许将会承担更大的责任，尤其是教育咨询、医疗咨询等专业咨询领域，更需要提供合法和正确的信息内容。

AIGC 不但有可能回答不准确、不可靠，而且在用户恶意诱导提问、有意识地发出指令的情况下，有可能生成不合适或不合法的违背社会道德和准则的内容，有可能指导用户违规的社会行为，增加社会偏离的风险。尽管技术需要遵守科技伦理，但如何让 AIGC 反思自身言行，防止生成反社会内容，引导主流价值观传播，促进社会正能量，其技术探索还有待时日。

2023 年 11 月，ChatGPT 的发布成就了人工智能的大规模创新扩散，其发布 5 天后，注册用户数量破百万，发布不到 3 个月，活跃用书数量超过 1 个亿，比流行的社交媒体海外版抖音 TIKTOK 以及脸书公司所属的 Instagram 到达用户数过亿的时间大大缩短，从而成为互联网发展史上用户增长速度最快的软件应用，人工智能开启了 2023 年以来的最热门话题。其在国内外范围内形成了人工智能潮流，与人工智能概念相关的经营企业在资本市场市值一路增加，相关企业开启人工智能前沿技术和应用的探索。人工智能的自然语言理解能力和生成式交互能力备受资本市场的青睐。从事人工智能上下游产业链的企业在资本市场的价值水涨船高，海天瑞生、汉王科技、百度等公司宣布持续训练大模型并加大投入。美股市场上，以显卡生产企业为代表的英伟达市值飙升，英伟达在加速运算领域收获颇丰，所研发的图形处理器（GPU）带动电脑游戏产业发展欣欣向荣，进一步改善电脑视觉体验，为 AI 时代奠定了发展的基石。当前，英伟达最新的 AI 硬件，分别是 H200 NVL PCIe GPU 和 GB200 NVL4 超级芯片。相较于上一代产品，其模拟性能更强、AI 训练性能和推理性能都有所优化。百度在美股和港股市值亦有所增加。光云科技、神州泰岳、云从科技、汉王科技等人工智能相关概念股在 A 股市场一度维持强势上涨趋势。北京市发布白皮书鼓励和支持优势企业深耕人工智能领域，推出对标 ChatGPT 的大模型，建立开源框架和通用大模型的应用生态。京东、阿里、网易等互联网公司加入竞争赛道，宣布将发布人工智能产品和服务，或在具体业务中应用 ChatGPT。

人工智能热度居高不下引发了人们对机器替代人工的思考。人工智能的内容自生产性带来了信息生产领域从业者被替代的风险，企业角度，人工智能生成内容技术成为实施成本控制，降低人力成本，提高劳动力生产效率的工具。诸如广告公司的传统岗位广告文案助理一职，工作内容之一是搜集同类产品的既有文案案例和资料，这一岗位在许多广告公司已经被人工智能生成内容所部分替代，又如实习岗位的程序员，由于人工智能可以自动生成代码，取代实习岗位的程序员的部分工作，一些互联网企业压缩了对实习生的招聘。

AIGC 技术风暴席卷全球很快引发了各界关注与担忧，其中之一便是"替代人工"的风险。在游戏生产领域，游戏行业是一个人才聚集和资本聚集密集度高的行业，开发周期长，前期研发投入成本高，知名公司腾讯推广"元梦之星"游戏时预算超过 10 亿。传统的游戏产品研发需要剧本、策划、场景建模、美术、后期渲染、对口型等各个类别的工种通力合作，而人工智能生成内容大幅度提升游戏开发效率，使得游戏设计流程改善，压缩游戏生产制作时间，优化用户体验，压缩游戏开发周期，甚至可能对游戏行业的设计观以及游戏生态产生印象，可以说，AIGC 为游戏行业的发展提供了机器支持。

随着先进技术在游戏业的应用，在游戏角色设计、场景建构、视音频合成领域，AIGC 可能大显神通、降本增效，通过小模型或通用大模型和垂直大模型的应用，AI对NPC角色重新设计，增加游戏竞技的难度，通过增强现实、虚拟现实等XR技术与玩家角色交互。游戏产品发布后，基于算法的评估，游戏玩家的技术水平以及行为偏好数据被后台记录和人工智能生成更有针对性的市场营销策略，替代后台运营岗位，并针对个体玩家，优化个性化以及新的游戏体验。游戏公司原有负责美术设计的美工岗位、脚本编写的岗位等，面临AIGC替代的可能性。游戏公司传统的美工岗位的美术工作以及音效合成工作有可能批量被AIGC取代，人类手绘工作的生成效率较之人工智能绘画，效率，不在一个量级。人类音乐创作效率较之于人工智能音乐创作，同样如此。

人工智能以市场接受的方式进入信息内容生产领域，为用户和玩家创造更多的价值。这意味着机器将改变为人类创意思维和创意作品所垄断的信息内容生产领域。人机协同是信息内容生产领域长期的发展方向，不论是机器生成或是人工生成，其目的应是一致的，致力于丰富人类的精神生活，为人类提供更好的文化产品，满足人类多元的精神需要。

二、矛盾凸显与亟须解决的版权

由于AIGC发展尚处于初期，关于AIGC的版权和商业化落地等问题亟须解决。AIGC使用以来，涉及知识产权的案例屡见不鲜，为AIGC带来的社会与传播问题提供更多的解释。人工智能生成技术的所有者或平台与艺术作品原有版权人之间存在冲突，人工智能生成技术基于大模型的训练，需要海量的原始图片、音频和视频素材对模型进行训练，其大数据有时从网络获取，未能获取版权所有人的同意。或者说，AIGC基于大模型，需要大量的数据来训练模型，而训练数据的来源很有可能侵犯为知识产权保护作品的著作权。目前，大多数生成模型都是在未经许可或无偿的情况下从互联网上收集材料进行训练的。实际上，美国OpenAI公司同样面临诉讼纠纷，被指控使用授权代码构建代码托管平台的人工智能应用。

AIGC应用以来，版权纷争不断。2023年，盖蒂图片社（Getty

Images）与英国人工智能公司 Stability AI 的版权纠纷引发关注。Stability AI 公司的热门绘画图像生成工具 Stable Diffusion 允许通过文本提示，生成和创建图像和艺术作品。Stability AI 被美国图库摄影公司盖蒂图片社以涉嫌获取百万张图片，用以训练其用以 AIGC 的大模型为由提起诉讼，盖蒂图片社指控 Stability AI 公司公然侵犯知识产权且规模惊人，未经许可或补偿采集盖蒂图片社的 1 200 多万张图片，以构建自己的竞争性业务。Stability AI 声称模型不是在英国训练的，英国部门的员工未参与或培训生成式工具的工作，其 AIGC 的计算能力通过在英国以外的德国慕尼黑和美国团队完善。但审判法院判决认为 Stability AI 所提供的证据不完整或不准确，或存在冲突。

对人工智能生成技术平台或创作者的诉讼不仅涉及从事传统内容生产的企业，从事内容生产的艺术家也可能面临被侵权的可能性，许多艺术从业者对 AIGC 所生成的艺术作品表达抗议，以油画风格的恢宏奇幻作品闻名的波兰概念艺术家格雷格鲁特科夫斯基成了 Stable Diffusion 中最受欢迎的模仿对象之一。该作者搜索自己的名字，返回结果是 AI 的绘画，作者本人的作品被 AI 作品所包围。许多插画、绘画创作的艺术从业者发现人工智能生成的作品风格与一些艺术家的作品高度雷同，甚至毫不避讳地直接使用艺术家的水印。艺术从业者身体力行表达抗议，一些创作者禁止 AIGC 使用其作品，视觉艺术网站上，许多艺术家联合抵制作品流入 AI 数据库。因为侵犯版权的可能性，艺术家还可能对人工智能生成技术平台或创作者提起诉讼。人工智能艺术公司 Midjourney 应用在美国被艺术家提起诉讼，艺术从业者对人工智能公司的起诉偏重于 AIGC 对于艺术创作者的损害。但事实上，目前对于 AIGC 是否对人类创作者的著作权构成侵权，认定依旧困难。为规避版权风险，Getty Images、Shutterstock 等大型付费图库宣布不接受由 DALLE 2、Stable Diffusion、Midjourney 等生成的 AI 画作。

传统内容生产者或生产企业起诉 AI 公司的重点可能在于以侵犯知识产权为理由进行索赔，而人工智能公司可能以合理使用为理由。传统内容生产企业认为人工智能公司对大模型的数据训练使用了未经版权方许可授权的版权内容，涉及对版权内容的无偿使用，有可能损害版权方的利益，使其因为其所有的图像版权而未获得报酬，牵涉使用方和版权方的公平使用权利。此外，盖蒂公司认为 Stability AI 公司所生成的图片出现盖蒂公司的水印，而水印所伴随的图片质量不佳，损害了盖蒂商标的认知。

传统出版企业和从事创意内容创作的艺术工作者，对 AIGC 涉嫌不公平的使用知识版权作品，对 AIGC 普遍应用侵犯版权的问题提出疑问。是建立新的法律法规还是使用既有的法律法规来应用于人工智能实践带来的新问题，还有待商榷。ChatGPT 是一个基于强化学习和 OpenAI 的 GPT 的模型。强化学习是一种通过尝试和错误来训练算法以获得奖励的方式，类似人类在积极反馈的情况下学习。AIGC 所依赖的大模型本身是否应受到知识产权保护，AIGC 基于大数据的训练和语料库的支持，其根据指令所创建的内容如何界定，是否受到传统知识产权的保护，AIGC 生成作品如果所依据的是尚在保护期的作品，是否构成对该作品的侵权行为。AIGC 模型中的算法基于商业公司的创意生成，具有独创性，现有法律法规中的软件著作权以及专利权构成对算法的保护，此外《反不正当竞争法》对涉及商业秘密的内容，也能起到保护作用。

AIGC 通过人机互动，借助已有信息内容进行拼接，所生成的内容，不管是文本、音视频或是软件代码，超出评论、介绍等合理使用限度，就可能涉及侵犯他人信息网络传播权。AIGC 的大模型训练是基于已有的海量数据，其自动生成的内容也是基于既有的各种类型的信息内容，无论 AIGC 如何智能，也很难改变 AIGC 源于既有信息内容中包含版权内容的客观现实。AIGC 的生成机制对于用户而言，犹如黑箱，生成过程的不透明使得用户无法预料和判断内容风险是否可控。AIGC 作品实际上是 AI 在被投喂了大量人类创作的素材后，通过不断学习，生成一个庞大的数据库，然后根据用户需求进行创作，其可能导致 AI 生成的作品在风格和细节上与原作品或存在诸多相似点。

AIGC 带来的版权保护无序和失范，引发了政府和业界的关注，政府机构正在积极介入治理，引导 AIGC 规范发展。简单来看，AIGC 只是计算机程序，并不能独创或者原创信息信息内容。从具体案例审判来看，AIGC 的内容产品是否受到著作权法律保护，尚存在较大争议，在实际版权归属中，AI 大模型的平台开发企业拥有版权还是终端用户拥有版权，也没有定论。例如对于 AI 画作的版权是归属于 AI 画家，还是归属于平台也一直为外界所诟病。目前我国《著作权法》中规定，著作权的指向对象为"作品"且"作者"只能是自然人、法人或非法人组织。实际操作中，由于 AIGC 使用已有知识版权内容的可能性，一般 AI 大模型平台所属企业不愿意拥有 AIGC 内容的版权，因为其可能带来大量的知识产权诉讼风险。在具体法律纠纷审判实践中，审判结果不一致。

2019 年，全国第一例 AIGC 著作权案开庭，北京一家律师事务所起诉百度网讯科技有限公司所经营的百家号在其平台上的发布行为侵犯了该律所作品署名权、作品完整权以及信息网络传播权，该律师事务所认为其在 2018 年在其微信公众号上发表的文章，属于法人作品。而百度网讯公司认为，涉案文章的文字和图形内容，均为统计分析软件获得报告，数据并不是原告调查所获，是为软件自动生成，文章不属于著作权法律保护范围内。北京互联网法院受理此案并作出判决，认为计算机软件智能生成的此类"作品"在内容、形态，甚至表达方式上日趋接近自然人，但自然人创作完成仍应是著作权法领域文字作品的必要条件，该案中 AIGC 不构成作品，同时认为百度网讯公司未经许可使用该案中 AIGC 内容构成侵权。实际司法案例中，AIGC 所涉及的侵权案常常与网络信息传播权、署名权或著作权有关。侵犯著作权的法律责任，指行为人因实施了侵犯著作权行为而依法必须承担的法律后果。根据《著作权法》，侵犯著作权的法律责任包括民事责任、行政责任以及刑事责任。民事责任，包括停止侵害、消除影响、赔礼道歉、赔偿损失等。

2020 年，腾讯起诉一网站转载其 AIGC 内容，构成对腾讯网络信息传播权的侵犯，深圳南山区法院受理此案，并判决腾讯胜诉，认定 AI 写稿享有著作权,要求涉案网站赔偿腾讯公司 1 500 元。腾讯的 Dream writer 机器人每年写稿 30 万篇,其稿件在文末被显著标识为机器人自动撰写。一网站转载该软件生成的文章。腾讯认为机器人写稿由数据服务、触发和写作、智能校验和智能分发环节组成,著作权归腾讯所有,转载行为侵犯了腾讯的信息网络传播权并构成不正当竞争。审判法院认为,审判焦点在于涉案文章是否具有独创性,涉案机器人作品属于腾讯公司主持创作的法人作品,为多团队、多人分工形成的整体智力创作完成的作品,其创作行为属于一种智力活动,网站侵害了腾讯享有的信息网络传播权。该案例是全国第一例认定 AIGC 构成作品的案例,其被认定为作品,受到著作权保护,法院判令被告赔偿原告经济损失及合理维权费用 1 500 元,这一判决为 AIGC 的知识版权保护提供了有益的探索。

目前 AIGC 是否构成作品,是现存法律法规遇到先进媒介技术带来的发展而产生的前沿问题,其司法实践需要依据现有《著作权法》第三条表述:该法所称的作品,是指文学、艺术和科学领域内具有独创性并能以一定形式表现的智力成果,包括:(一) 文字作品;(二) 口述作品;(三) 音乐、戏剧、曲艺、舞蹈、杂技艺术作品;(四) 美术、建筑作品;(五) 摄影作品;(六) 视听作品;(七) 工程设计图、产品设计图、地图、示意图等图形作品和模型作品;(八) 计算机软件;(九) 符合作品特征的其他智力成果。

逐个检视这一表述,受《著作权法》保护的作品其应是文学、艺术和科学领域内具有独创性并能以一定形式表现的智力成果,由此构成作品的四个要素:① 是否属于文学、艺术和科学领域;② 作品是否具有独创性;③ 是否具有一定的表现形式;④ 是否属于智力成果。实际审判实践中,是否属于智力成果要参考具体案情中是否有智力投入或审美判断,与既有作品之间的差异性,是否能体现作品的个性化表达。中国《著作权法》规定,作者限于自然人、法人或非法人组织,AIGC 大模型不能构成法律意义的作者。AIGC 作品能够受到《著作权法》的保护,能够定义为法律意义上的作品,尚需要结合个案进行判断。虽然现有的法律法规体系不能完全解决 AI 飞速发展带来的问题,但司法审判实践对 AIGC 作品的考量,不能一概而论，还是需要依据现有法律法规基础解决具体版权纠纷，运用既有法律法规解决前沿发展的现实问题。

北京互联网法院审理了一起 AI 生成图片的署名权和信息网络传播权纠纷的案例，网络用户使用 Stable Diffusion 生成图片后发布在社交媒体小红书，该图片随后被其他用户在百度百家号上的文章使用，原告主张图片的使用未获许可，且图片去除了小红书的署名水印。一审法院审理后认为原告使用 AI 生成图片，多次反复修改多轮输出最终得到所发布的图片，体现了原告的智力投入和个性化表达，应属于作品，原告是涉案图片的作者，享有著作权，最终判决被告赔偿原告 500 元。该案作为首次判决 AI 文生图胜诉的案例，认可了 AIGC 使用者对生成内容的权益。

人工智能生成内容带来的问题和危害不容小觑，目前各类人工智能生成内容所使用的创作生成工具多元，各家公司推出的人工智能应用各有特点，人工智能生成技术不是一个统一的标准，人们输入指令，并不是得出同一个输出结果，不同的人工智能技术根据其技术特性反馈输出。AIGC 的创新扩散带来传统著作权保护理论与先进技术发展现实不适应的问题，法律法规的调适，应以满足和鼓励产业发展为目标。

三、虚假信息大量生产与传播带来虚假信息泛滥

在 AIGC 热度不减，有席卷全球势头之下，人工智能生成内容从传播、政治、经济、军事等多个层面带来潜在风险，给个体用户的生活方式、休闲方式和工作方式带来影响。AIGC 对用户的信息参与具有重要影响，扮演着降低门槛，诱导用户参与网络内容生产的重要角色。AIGC 的生成和传递高效率冲击政府治理网络规范。

随着人工智能技术的发展，GAI 已经广泛应用于文本、图像、音频和视频等领域。当前，伴随 GAI 模型数量和其用户数量的快速增长，虚假信息的制造和传播趋势加速，虚假信息的数量增长有井喷之势，并屡屡见于实际生活中。2023 年，甘肃省平凉市公安局网安大队侦破一起利用 AI 人工智能技术生成虚假不实信息的案件。据新甘肃客户端报道，涉案人通

过 ChatGPT 人工智能软件将搜集到的新闻要素修改编辑后散布在互联网上,被大量传播浏览。又如,浙江省温州市警方侦查发现一家以 MCN 模式运营网络水军的公司,该公司采集全网热点,任意设置虚假内容,使用 AIGC 生成虚假文本,由真人视频解说,炮制虚假视频,挑动社会情绪,通过虚假视频信息内容的传播量非法获取流量返利。重庆市警方在"净网 2024"专项行动期间,加大为 AIGC 生成网络谣言的侦查,加大对利用 AI 合成技术编造谣言的违法行为的打击整治力度,查处了多起 AIGC 虚假信息案例。某网络用户在平台发布一篇 AIGC 合成内容的新闻,以"曝光!某地农村消费合作社服务点暴力袭击,存款难题严重困扰"为标题在网络平台发布,使用 AIGC 编造假新闻,造成不良社会影响。

AIGC 在传播伦理和信息安全的潜在风险以及挑战不容忽视,AIGC 允许不掌握绘画技能的用户所生成的美术作品获得美术比赛奖项,也允许不了解编程的用户生成网络恶意代码,发动恶意网络攻击。AIGC 通过深度学习的方法自生成内容,将虚假信息内容的生产和传播成本降低,放松对 AIGC 的监管,有可能造成虚假信息的大范围扩散,引发社会问题。AI 技术应用越来越普遍,有的用户或组织为获取流量,故意使用人工智能技术生成虚假新闻,炮制虚假信息,以此博取眼球,换取商业利益。技术生成的虚假内容生成成本低,同样具有传播速度快的特点,且识别难度大,亟须加强监管。人工智能带来的虚假信息泛滥使得网络谣言可能更加具有规模生产以及高度迷惑性。其不但生成速度高,生成表达方式更仿真,即且更加让用户真假难辨、难以识别。目前,在新闻报道醒目位置中设置人工智能生成内容的提示标识是许多媒体的做法,监管层面,严格落实网络实名制等技术手段进行综合治理也是可取手段。

AIGC 带来数据和信息数量的指数级增加,由于信息内容生产的机器生成特征,让 AIGC 内容限于身份合法性和真实性的困难,带来大模型信任风险、监管风险等问题,内容的自动生产带来信息生产领域虚假新闻和虚假信息泛滥的问题,可能造成社会信任危机。AIGC 缺乏必要的规范,不利于社会信任的建立,其规范发展需要监管与引导。AIGC 改变了信息内容生产格局，传统移动互联网格局下，舆论意见领袖的内容和观点是由主体的人来完成，其角色也是人，而 AIGC 模式下，机器自生成内容有可能起到引领其他议程和观点的作用，机器代替人，成为意见领袖，影响舆论气候。意见领袖是在传播学中，活跃在人际传播网络中，经常为他人提供信息、观点或建议并对他人施加个人影响的人物。其作为媒介信息和影响的中继和过滤环节，对大众传播效果产生重要影响。隐身的潜在不易为其他人所察觉的意见领袖。

伴随着海内外各家互联网公司纷纷下注投资人工智能，各家公司推出的各类通用型 GAI 模型或者垂直式人工智能模型种类和数量不断增长，为虚假信息泛滥提供了基础技术环境。以往对事实的甄别常常用"有图有真相，有视频有真相"作为判断，而在人工智能技术加持下，图片图像和视频可能均为伪造。"有图不一定是真相，有视频也不一定是真相"。对虚假信息的事实核查和技术核查成本高昂，虚假信息成本的低廉与核查成本的高昂的悖论为虚假信息泛滥提供了生存基础。人工智能大模型的三个基本要素之一是用以训练的数据，如果在元数据层面本身就包含虚假错误信息，则被数据训练处的大模型自然学习了这一特征，助长虚假信息的泛滥。由于数字化和智能化技术的兴盛，无论是商业营销，还是政治传播，数据比以往任何时期都为人们所看重，而人工智能炮制虚假信息不仅是生成图片、文字、音视频的虚假新闻，更有可能是虚构虚假数据，例如发送机器人评论文本编撰功能，在热门社交媒体的热门帖后大量跟帖，发布海量虚假信息内容误导舆论，形成虚假数字水军进行数据操纵，从而达到不可告人的传播目的。尤其需要注意的是，人工智能生成内容的虚假信息和虚假数据直接危害国家政治安全以及军事安全，尤其是在战争期间，对战双方的舆论攻防战伴随军事战，AIGC 有可能成为舆论战的传播主角，交战双方有可能发布不利于对方的政治信息或军事新闻，例如使用人工智能技术虚构事实，采用真实人物的形象或音频，通过人工智能技术合成对方军事指挥者的投降言论或视频，打击对方士兵和军队作战的决心和意志。未来战争的形态朝向智能化发展的趋势初见端倪，AIGC 主导的信息战有可能在战场上大显身手,交战双方可能各显神通,以获取人工智能生成内容战中的优势地位。试想如果交战双方一方有强大的人工智能基础设施,具备先进的大模型以及超强的算力、成熟的算法,而另一方人工智能设施基础设施薄弱,缺乏大数据、算力和算法,难以生成"深度伪造",能够以假乱真的信息,那么至少在正面战场以外的信息战场,优劣势立刻体现,在战争情报获取的信息监测上,也将处于弱势地位。未来战争的先机抢占会很大程度依赖于人工智能。在局部冲突升温,以智能化为主导的信息战将为未来战争形态带来新的变局,尽管人工智能生成技术可能保持中立,不具备意识形态,但其背后的研发工程师团队以及用以大模型训练的语料很可能有潜在的 ChatGPT,大模型的来源国以及来源公司的价值观以及公司管理理念都很有可能在大模型的回应和信息生成中得以体现,使得来源国和来源公司的价值观占有主导地位,AIGC 与虚假信息的融合,在战争中的运用,带来的破坏力不言而喻。

人工智能生成内容技术应用于现代战争中的舆论战,"深度伪造"并经过人工智能包装的虚假信息,让现代战争开启了一场在数字网络中没有硝烟的"元宇宙战争"。政府、媒体和公众应充分认识到,在未来战争可能的形态与场景层面,需要警惕 AIGC 应用于军事战尤其是信息战中的信息风险以及伴随而来的政治风险和军事风险,对战方可能通过人工智能的虚假内容,包括但不限于文字、图像、图片、音频、视频、动画等各类符号的虚假信息,制造信息迷雾,并进行大肆传播,这类虚假内容可能覆盖政治虚假信息以及军事虚假信息,发布不利于对方的各类军事新闻和政治新闻,以混淆视听、制造混乱,作用于受众的认知,达到信息战或心理战的目的。

AIGC 由于大模型处理数据过程的不可知、不可预见和不可解释,导致其所生成的内容准确性存疑。事实上,最有代表性的人工智能生成内容工具,广为认知的大模型 ChatGPT 准确性低已经引发出版界的关注。美国哥伦比亚大学一家数字新闻研究中心的研究指出,其在引证新闻消息来源时,存在严重错误问题,引用准确度不到 30%。研究者的准确性测试规模样本为 200 则新闻引文，来自多家出版商，但 ChatGPT 未能在准确度上有正常表现，出现 153 则有误的来源信息，并且该模型不太可能主动承认相关信息缺失。

在国际传播过程中，虚假信息的生产和发布可能成为一个国家或组织对其他国家或组织进行抹黑或者攻击的手段。2019 年，《中国日报》成立起底工作室，致力于调查纪录片，以回应海外媒体对中国的不实报道，澄清事实真相，引起了海外主流媒体的关注。2024 年，美国主流电视媒体 CNN 在黄金时间段的视频节目中将《中国日报》调查视频中的记者歪曲为人工智能合成主播，将《中国日报》在海外社交平台发布的视频报道与人工智能换脸侵权等不相连的一条信息内容进行剪辑组合，误导公众，使得公众认为《中国日报》的记者形象是人工智能合成内容并在发布虚假信息。紧随其后，《中国日报》回应舆论攻击，有事实有依据地指出涉及的 CNN 视频节目的话题聚焦于人工智能换脸引发侵权问题，但在视频画面蒙太奇上，移花接木，将《中国日报》的两位真实记者与内容深度伪造网络自媒体"带货"等其他不相关联的视频进行对剪，并得出人工智能换脸会放大虚假信息。目前《中国日报》起底工作室使用了人工智能技术，但所有使用人工智能生成内容的画面均有明确的字幕标注，提醒观众，而所使用的视频文本，无论论据或观点，百分之百由真实记者来完成创作。网络自媒体所发布的视频所使用的形象和身份盗用了其他形象和身份，属于虚假信息，但是《中国日报》所发布的视频中，无论是出镜记者的形象或是声音，均是记者本人。随后，出镜记者致函给 CNN 说明情况，要求更正。但 CNN 工作人员回应，宣称其研究团队采用技术的手段认定两位出镜记者的形象和声音全部为人工智能生成，并不回应其出于何种目的，进行虚假新闻报道的问题。起底工作者深入发掘，发现在 CNN 新闻节目中的一位出镜嘉宾借助虚构的虚假事实，抹黑中国，而此人是菲律宾媒体编辑，是菲律宾一家具有影响力的、由美国国家开发署资助的非政府组织成员。虚假信息的传播有可能是传播者出于主观的故意或既有的偏见，先入为主的策划内容。在信息内容产品生产中，合理使用人工智能生成内容或技术,有可能被舆论攻击方放大,将其断章取义,恶意宣扬为不当使用或使用人工智能生成内容炮制虚假新闻。

四、算法与技术控制问题

大众传播媒介内容存在系统控制,例如把关人理论,基于媒介规范和社会规范、政治规范的把关,其行为体系和模式受到内部规范,社会因素以及政治因素等多种因素的共同制约。人工智能时代,算法与技术深度嵌入传播结构,影响传播格局,构成算法与技术对传播效率、传播向度、传播内容、传播分发各个环节的控制。

一方面,人工智能作为先进技术手段,是媒介演进历史进程中当下为先进的媒介工具,其发达程度决定着社会传播的速度、范围和效率;另一方面,人工智能嵌入信息生产和人际交往网络,形成传媒组织的存在构成影响的信息环境,其先天禀赋和要素,决定着社会传播的内容和倾向性。当前人工智能生成内容的落地以及分发,包括其应用的场景,许多出自商业公司尤其是互联网企业对于商业利益的追逐。其在资本作用下,逐利的特点需要警惕。机器从数据训练中习得一系列工具理性,构成人工智能生成内容的条件预设,精准和个性化推送表象是使得每一个个人都与他人所接受的信息不同,满足多元需求,实质受到资本主导的工具理性的支配。

基于追逐利润动机的算法驱动损害内容多样性和丰富性,数据记录用户在平台所选取的兴趣标签,算法根据数据计算,所谓排名榜单的可解释性和透明度差,机器刷榜单、机器人写评论等违规行为,僵尸账号等检测技术识别,推动算法从工具理性向价值理性的进化,增强算法求真向善的能力,保护未成年人、老年人群的算法推荐便利度和有益度,推动这些群体能够获取有益身心健康的信息。算法识别违法传播行为和分发行为,识别生成合成信息能力。

信息网络传播权定义了传播者通过互联网媒介向公众传播的权力,便于用户能够在选定的时间和地点获取信息内容产品。这一权利的法理立法基础是保护传播者对于其信息内容产品向公众的信息网络传播权，使得传播者提供的信息内容产品能够为受众所获取，保证信息内容产品的提供权和展示权。而在算法推荐介入媒介渠道后，不符合用户偏好的信息内容产品丧失了被用户获取的渠道和可能性，自然被隔离或排斥于用户视野之外，带来新形式的数字隔离或数字排斥的风险，信息内容产品传递的具体信息类别又可以分为事实信息类、情感传递类、价值判断类。对于携带与用户原有事实认知、情感偏向以及价值判断不一致的信息内容产品，将不会纳入用户的信息接收范围内，从而带来潜在的认知偏颇、情感极化以及价值判断失衡的社会问题，带来社会行为的失范和失控，损害用户的利益和社会公共利益。

算法推荐带来信息流动的制度环境，隐含了基于用户偏好和大数据的权力支配，算法推荐看似迎合用户偏好，实际对用户信息接收的维度和面向构成限制，ChatGPT 于 2022 年 11 月推出后，用户数量迅速扩张，成为现象级的人工智能应用软件。人工智能相关业务公司估值不断提高，大量资本涌入 AI 赛道。AIGC 具有技术的综合性和集成性，是基于生成对抗网络，通过大规模语料对大模型的训练，机器学习、寻找既有数据的特征和规律，生成新内容的技术集成。以推出 ChatGPT 的 OpenAI 公司为例，其初创期间，定义为非营利组织。2019 年，美国互联网头部企业微软首次投资 OpenAI。2024 年，微软已向 OpenAI 公司投入巨额资金约 140 亿美元，并投资芯片和数据中心。微软与 OpenAI 互相支持，OpenAI 的大模型算力中心搭建在微软的云服务器上，微软旗舰产品视窗系统、办公软件、搜索引擎、编码软件，均融入 OpenAI 体系。微软对 OpenAI 的投资初见成效，根据 OpenAI 公司最新一轮融资的估价，其估值 1 500 亿美元，为应对大模型开发的巨量资金缺口，OpenAI 正在考虑将其转变为追求盈利的企业，以运用其 AI 头部企业的影响力和市场估值，增加其对资本市场的吸引力。由此可见，基于大模型的人工智能生成技术不仅其研发十分需要资本的支持，其发展也很有可能以利润获取为主要基础。商业支配的算法控制导致用户面临的数字世界很大，而真实视野狭窄，系统通过算法只是推送相似内容,算法包裹了用户,控制了用户的信息接收维度和偏好,对文化多元化有害。

用户被动沉浸于用户既有偏好带来的建构和算法带来的信息环境建构的双重环境中,算法定向返回信息内容,可能使用户陷入信息孤岛的境地。智能交互关联多维度的信息产品,数据累积、算力提升以及算法增强不断提升人工智能的能力,美国学者桑斯坦提出信息茧房理论的背景是数字时代的个性化信息服务的兴起。人们根据自己的喜好只选择让自己愉悦的信息,技术对信息进行了选择与过滤。算法所具备的商业价值倾向或意识形态倾向,不是以直接的、显著的、容易被察觉的形式传达给受众的,而是形成人们的现实观、社会观于无形和隐蔽之中。算法所提供的个性化内容与真实世界的偏差以及偏向性决定了其不是现实世界的真实反映,而是与客观世界有着不小的差距。

五、对 AIGC 伴生问题的治理

1. 建立规范和规则,加强政策引导与监管力度

AIGC 带来的社会问题以及传播问题的具体影响受到传播制度、传播主体等传播环境内外变量的多重影响。对人工智能及其应用,应进行立法监管,以回应其在实践和理论层面带来的挑战。对人工智能的认识给传播带来的变革不仅要从人工智能可能引发的内容生产力极大升级来认识,还需要将人工智能视为人类之外的新物种,充分重视其可能带来的不可控性,技术霸权有可能导致传播过程的失控,更有可能导致传播控制失灵。

为加强政策引导与监管力度,相关部门先后出台了多个政策。2021年,先后发布了《关于加强互联网信息服务算法综合治理的指导意见》以及《互联网信息服务算法应用自律公约》《互联网信息服务算法推荐管理规定》。2023年,出台《互联网信息服务深度合成管理规定》规定任何组织和个人不得利用深度合成服务制作、复制、发布、传播法律、行政法规禁止的信息,不得利用深度合成服务从事危害国家安全和利益、损害国家形

象、侵害社会公共利益、扰乱经济和社会秩序、侵犯他人合法权益等法律、行政法规禁止的活动。同年出台《生成式人工智能服务管理暂行办法》对人工智能生成内容的管理作出了具体规定，提供和使用生成式人工智能服务，应当遵守法律、行政法规，尊重社会公德和伦理道德，不得生成煽动颠覆国家政权、推翻社会主义制度，危害国家安全和利益、损害国家形象，煽动分裂国家、破坏国家统一和社会稳定，宣扬恐怖主义、极端主义，宣扬民族仇恨、民族歧视，暴力、淫秽色情，以及虚假有害信息等法律、行政法规禁止的内容。

2024年，《互联网信息服务算法推荐合规自律公约》发布。这些政策均对算法治理提出了具体的意见。2024年11月，中央网络安全和信息化委员会办公室等四部门联合发布了《关于开展"清朗·网络平台算法典型问题治理"专项行动的通知》，要求与属地电信、公安、市场监管等部门联动，重点整治同质化推送营造"信息茧房"、违规操纵干预榜单炒作热点、盲目追求利益侵害新就业形态劳动者权益、利用算法实施大数据"杀熟"、算法向上向善服务缺失侵害用户合法权益等重点问题，以督促相关企业整改、自查自纠，提高算法治理能力。

具体包括：① 整治"信息茧房"以及诱导沉迷问题。严禁推送高度同质化内容诱导用户沉迷。不得强制要求用户选择兴趣标签，不得将违法和不良信息记入用户标签并据以推送信息，不得超范围收集用户个人信息用于内容推送。② 提升榜单透明度打击操纵榜单行为，严管不法分子恶意利用榜单排序规则操纵榜单、炒作热点行为。③ 严防一味压缩配送时间导致配送超时率、交通违章率、事故发生率上升等问题。④ 严禁利用算法实施大数据"杀熟"。⑤ 增强算法向上向善服务保护网民合法权益。最后，落实算法安全主体责任。

这一政策的出台，正是回应数字化和智能化对网络传播以及网络舆论生态的挑战，回应了社会公众对于AIGC带来的社会问题的治理需求。其目的在于引导算法导向正确、公平公正、公开透明、自主可控、责任落实。通知要求不得设置诱导用户沉迷、过度消费等的算法模型；不得利用算法干预信息呈现,实施影响网络舆论或者规避监督管理行为;定期审核、评估、验证算法机制机理、模型、数据和应用结果等,常态化开展算法安全自评估。

人工智能生成内容的虚假信息传播渠道没有脱离现有的以社交媒体为主的网络传播渠道,主要社交媒体网络平台作为信息传播的主要渠道,负有虚假信息监控识别的责任,对于社交机器人账号的机器人水军的发现和防范,对于虚假信息的识别和检测,需要网络平台及时发现甄别,采取反制措施,积极配合执法监管。政府机构应加强引导,整合治理经验,不断完善监管措施,出台常态化治理措施。通过法律法规以及政策的完善以及制度的约束,保护用户的隐私权以及被遗忘权等基本权益以及公共利益。

AIGC 带来的传播和社会问题暴露了其在信息传播效率以及损害社会信任、损害社会公共利益之间的悖论,对其的治理需要建立一致的规则和规范。一方面,由网信部门出台文件,加强对 AIGC 的政策治理和监管,指导行业内的经营单位合规经营。另一方面,还需要依据行业公约或法律法规加强监管,对经营单位的算法合规性和合理性进行定期的审计和审查,引导经营单位在算法的商业理性之外,融入引导社会主流价值观的价值理性,追求效率与利润同时,追求社会公众利益的最大化。

2. 加强技术治理,推动算法向善

随着人工智能技术的应用与普及,其伴生的各类社会问题和传播问题纷至沓来。人工智能生成内容不仅可以仿真人类自然语言,还可以使用深度伪造和合成技术,强化图片、图像、音频、视频以及场景的自然性和逼真性,调动用户的认知系统,催生用户的沉浸式体验以及代入感,进而危害公共安全。这类以假乱真的信息内容的大规模传播将会严重降低社会信任,破坏用户对新闻报道以及媒体机构的深度信任,损害媒体的公信力,进而造成社会分裂。尽管 AIGC 带来的虚假信息泛滥可能威胁巨大,但对虚假信息治理和策略上,需要坚持作为人的主体性,机器生成内容所依赖的机器终究是在研发工程师团队的努力下靠人力智慧生成的,对

AIGC 带来的问题的治理，也离不开发挥人的主体性尤其是作为技术专家的作用。

研究工程师团队作为技术专家能够研发和训练大模型，从技术的角度带来新的问题，解决问题的途径之一同样是用技术的手段去治理技术带来的问题。研发团队以及人工智能公司能够开发出诱导用户沉迷、过度消费等违反法律法规或者违背伦理道德的算法模型，也能够发展新的技术、新的监测大模型和算法进行技术反制，检测和核查人工智能生成内容，研发新的生成大模型组织虚假内容的监测和传播，开发虚假信息实时监测的预警系统，系统提供网络系统中的虚假信息传播预警信息和动态监测。人工智能生成内容所带来的生成速度高，传播效率高等问题，算法反制的大模型同样可以做到监测即时，阻止传播能及时响应。引导研发工程师开发符合人类价值观的人工智能，使其更具有人的特征，其行为动机有道德和伦理的考量。

对 AIGC 在商业理性和价值理性之间的平衡，需要推动算法向善，走向算法公开透明，加强算法运行规则的可解释性，建立健全算法安全管理制度和技术措施，推动主流价值观的传播，推动公平公正的算法建构。构建一致的具有公信力的价值评估标准。对人工智能生成内容的监管和发展，需要兼顾信息安全和先进传媒技术并重的原则，对先进技术带来的社会与传播问题加强监管，加以引导，明确研发人员、信息产品和服务者，平台网络的主体责任，建立分级分类监管制度，并强化监督执行。对于AIGC 所生产的信息产品，要求信息产品和服务者在显著位置提示用户其信息来源，设置内容来源提示标志，同时，配合水印和区块链技术，对信息来源实施有效追溯，以便区分责任。在内容维度生产和分发维度上，提高技术保障，加强投资，增强算力，进行技术创新，完善合成鉴定能力，达到以先进技术解决先进技术带来的问题。由于 AIGC 的发展带来的社会和传播问题不仅是我国面临的问题，还是世界其他国家同样面临的问题，故应当加强国家之间的相关法律法规制定与执行政策的交流、技术反制的措施交流、加强国际合作等方面进行综合治理，推动智能向善，降低虚假信息的技术和环境生存空间。

3. 提升人工智能素养,应对挑战

智能社会,媒介素养的重要性被越来越多的人认同和接受。仅仅依靠技术的进步或反制,无法单独解决 AIGC 带来的社会问题和传播问题,提高社会整体的媒介素养尤其是人工智能素养,是非常重要的解决措施,在人们获取信息时,首先拷问信息来源,是否是 AIGC 所生成的内容,在信息接收之前,对可能的虚假信息进行识别和筛选。

媒介素养涵盖人们对媒介信息的选择能力、理解能力、质疑能力、评估能力、应变能力、创造能力和制作能力。媒介素养研究需要注重网络技术尤其是智能传播技术发展的新背景,三种不同主体的媒介素养关系包括公众媒介素养、职业传媒人媒介素养、政府机构与官员媒介素养。政府机构与官员的媒介素养表现为媒介管理者素养,政府所制定的传播政策影响传播系统。职业传媒人媒介素养影响公共信息产品的质量。网络时代,公众不仅是信息消费者,也是信息生产者。公众话语权增强。需要增强公众对于算法以及算法生成的信息的鉴别和反思意识以及能力。具体来说,对个人兴趣和偏好标签的洞察力,对信息操控认知的意识,对信息内容的不盲从意识,对信息茧房以及回音室效应的警惕意识。三种不同主体的媒介素养对于形成平衡而积极的信息传播系统缺一不可。

信息技术革命背景下的信息传播向网络化、信息化、智能化高度转型,如何看待和认识人工智能技术以及人工智能的应用,加强政府与机构的人工智能素养、职业传媒人的人工智能素养以及公众的人工智能素养,组建强化人工智能素养提升的社会网络,以全面提升人工智能素养为出发点,推动数字空间开放、合作、交流、共享,推进网络空间治理持续良性发展,建立人类网络空间命运共同体。

第五章

AIGC 时代知识生产与传播
面临的挑战及应对

AIGC 技术的出现和发展,标志着人工智能在内容生产领域的重大突破。它不仅能够模拟人类的创作过程,生成逼真的文本、图像、音频和视频内容,还能够根据用户需求进行个性化定制。这种新型内容生产方式,对传播领域产生了深远的影响,为新闻传播、广告营销、教育娱乐等多个领域带来了新的机遇和挑战。

一、AIGC 嵌入知识生产与传播引发的挑战

AIGC 应用于知识生产,重新定义了知识生产的过程和可能性,并展示了技术进步如何影响人类的知识体系。与此同时,这种人机协作共同生产知识的新模式也带来了一定的挑战。

1. 生成式人工智能引发的认识论挑战

生成式人工智具有强大的内容生成和语言处理能力,将其应用于内容生产,必将极大地降低知识生产的成本,提升知识生产的效率。通过实施人机协同生产知识,不仅实现了"人的人工智能化",知识生产的主体边界也得到拓宽,体现出一种新兴的人机交互与传播模式。从知识生产的整个流程环节看,AIGC 能够深度嵌入选题策划、内容撰写、审核评估、内容分发等各个环节。以学术研究及论文撰写为例,生成式人工智能可用于帮助作者提供选题思路,搜集和分析数据,撰写文献综述、正文,生成数据图表等。这种人机协作的新型知识生产与传播模式颠覆了传统以人为主体的知识生产模式。在这一新的人机交互场景中,人与机器之间的关系已不再是单纯的"主-客"体关系,而是形成了一个相互作用、协同合作的机制。

生成式人工智能与人类在知识生产过程中的深度融合,构建了一种由人、机、环境三者相互作用的新型认知模式,这种新的认知模式充分融合了人与机器的认知优势,打破了传统认知中以人类或机器作为单一主体的格局,对传统的以人类为主体的认识论构成了严峻挑战。

现象学大师胡塞尔曾提出"主体间性"的概念，这一概念揭示了主体与主体之间的交往、理解关系，这种关系不是主客对立的关系，而是主体间的共在。从认识论的角度来看，主体间性促使人们从关注"主-客"体关系及主体性地位，转向关注同一认识过程中不同主体间的共生性、平等性和交流关系。在人机协作的背景下，人与机器的交互形成了一种新型的主体间性，这不仅重塑了知识的生产方式，还促使我们重新定义知识生产的主体以及主体能动性等概念。

2. 生成式人工智能引发的实践论挑战

从实践角度看，AIGC 赋能下的知识生产与传播体现了一种新的实践模式。英国社会学家、"巴斯学派"的创立者哈里·柯林斯认为，实践是知识生产的基石与核心要素。他指出，科学实践不仅是实验室内的活动，还是与社会、文化、历史等因素紧密相连的。而当下人机协作的兴起，颠覆了传统的实践观。

首先，人机协作催生了新的社会关系网络。传统实践观着重强调人与人之间的互动与交流，而人机协作则将人机互动纳入实践范畴。人们通过与机器的紧密协作来完成各项任务，这种新型的合作模式在一定程度上重塑了传统实践中的社会关系结构。随着 AIGC 在众多行业领域的全面渗透，它正逐步嵌入所有可能对认知、决策进行技术性替代的场景中，人机之间的知识协作也将在各个领域得到广泛应用。

其次，人机协作催生了新的知识形态与符号表达系统。在传统实践中，人们主要依赖语言、手势来进行沟通，但人类认知的固有局限性使其在理解复杂社会现象时面临挑战。而 AIGC 的诞生，有望助力人类突破自身的认知束缚，探索出能够解释复杂现象的新理论。AIGC 依托其先进的算法，能够发掘复杂社会现象背后可能隐藏的逻辑关联，通过与 AIGC 的协同合作，人们正在开创一种新型的知识形态，它使我们能够在不完全依赖传统数学解析方法的情况下对事物发展规律做出预测，从而为知识生产实践开辟新路径。然而，机器所发发现的知识不仅远远超出了人类的经验范畴，还超越了人类理性，成为人类几乎无法理解的知识。

当前,生成式 AI 在技术层面仍面临诸多挑战,如训练数据质量、可解释性以及所生成数据的真实性问题等。由于用来训练 AIGC 的数据来源十分广泛,其中可能存在一些事实错误、知识性差错、文化偏见、性别歧视、社会偏见,这些问题可能会影响模型的训练和信息的输出。由于AIGC 所采用的算法是经典的"黑箱算法",其内部的复杂运作机制使得人类很难直观地理解模型是如何进行预测和决策的,由于其运作机制缺乏可解释与透明度,人们很难理解其生成内容的内在逻辑和原因。真实性问题则涉及生成式人工智能对内容的操纵可能引发的虚假信息传播问题。虽然通过 AIGC 可以轻易制作视频、文字和各种形式的信息,但由于其数据来源过于广泛和驳杂,其所生成内容的真实性往往难以考证。

3. 生成式人工智能引发的价值论挑战

尽管以 ChatGPT 为代表的大型语言对特定事物表现出较强的判断能力,为我们观察事物提供了一种新的视角,这些模型在价值与事实的判断上仍存在着一定的局限性,无法与人类大脑的跨模态学习和推理能力相媲美,难以识别知识和信息中潜在的错误和偏见。

首先,如果用于大模型训练的数据中蕴含性别、种族、职业、学历等歧视或文化、社会偏见,AIGC 在文本创作和内容生成过程中可能会不自觉地传递这些歧视和偏见。当这些存在偏见的数据被用于模型训练时,大语言模型可能会放大这些偏差,从而产生一种乘积式的偏差放大效应。如果人们不加甄别地接受这些知识和信息,可能会进一步助长社会歧视现象,加剧社会不平等与不公,从而违背人工智能应用中的伦理准则。

其次,尽管以 ChatGPT 为代表的 AI 大模型在内容创意行业的应用显著提升了知识生产效率,但人工智能与人脑智能的差距仍然存在,尤其是在灵活性、学习效率和多任务处理等方面与人脑智能还存在显著差距。目前 AIGC 仍缺乏直觉、独特视角以及对于社会语境的深刻理解,它无法像人类一样感知周围环境,如用户的表情、语气或心境。由于大模型的知识完全依赖于其学习的数据库,人工智能可能无法完全理解一些具有地域特色、时代背景或特定文化内涵的表达,也缺乏对特定社会情境的理解能力，这使得大模型难以处理情境性、环境性和实时性的事实内容。此外，生成式人工智能目前还不具备人类的直觉、具身感知和情感意识，这使得它们在处理复杂的人际交互和文化情境时显得捉襟见肘。

最后，借助人工智能进行知识生产和文化传播需要考虑文化的多元性，塑造向善的价值观和文化理念。社会建构主义认为，知识生产是一种受资源、利益、文化和意识形态等多重社会因素影响的专业性和创造性活动。而人工智能作为一种新型的知识生产方式，可能对文化多样性构成挑战。对于 ChatGPT 等大型模型而言，训练数据的多样性和包容性对于生成高质量的内容至关重要。然而，语料库的不均衡分布可能导致模型过度反映以英语为中心的国家的价值观和理念，从而削弱其他语言和民族文化的表达。当模型缺乏足够的语言和文化数据时，它们可能无法准确捕捉特定文化的语言习惯、历史和价值观，导致生成的内容缺乏文化准确性和敏感性，进而对不同民族和文化之间的交流造成阻隔。

二、人机协作模式下知识生产与传播范式变革的应对路径

为了应对 AIGC 嵌入知识生产和信息传播带来的挑战，我们必须深入探寻生成式 AI 在知识生产中的角色定位，以及 AI 与人类之间的协同合作机制。由于人类与机器在知识获取的路径上存在显著差异，我们应当科学合理地划分各自的任务领域，通过优化人机交互方式，促进人机之间的分工与合作，实现知识生产的最大化效益。

1. 促进人机协作模式中的知识正义

为了推动知识正义的实现，我们需要从两个方面着手。一方面，必须确保模型的持续学习与迭代升级，着力提升生成式 AI 的可解释性、透明度，以及数据的质量和来源可靠性①。这些要素将为机构和研究人员提供

① Dwivedi Y K, Hughes L, Ismagilova, et al. Artificial intelligence（AI）: Multidisciplinary perspectives on emerging challenges, opportunities, and agenda for research, practice and policy[J]. International Journal of Information Management. 2021. 57：101994.

一套合理、高效且道德的 AI 技术使用指南,从而确保 AIGC 所生成知识的真实性和可信度。透明度和可解释性的提升,意味着在知识生产过程中,AI 的应用方式、算法逻辑以及数据处理方法都应公开透明①。另一方面,面对人机协作知识生产实践中的诸多不确定性,我们或许需要重新审视并调整 AIGC 的评估标准,通过引入内容识别、内容可追溯性等先进技术手段,确保 AI 生成的知识可靠,其生成知识的信息来源可追溯。为了构建并维护人机协作模式下的知识正义体系,政府部门、研发机构和使用方应携手合作,共同研发先进、开源、透明、可控的算法模型。这些模型应具备高度的可信度,并对社会和公众负责,确保知识生产的公正性和准确性。

2. 强化人机协作中的知识产权保护

人机协作模式下的作者身份与知识产权归属问题变得日益复杂。传统知识生产中,知识产权明确归属于人类创作者。然而,当 AI 在创作过程中发挥重要作用时,如何合理界定知识产权的归属成为一大难题。目前,已有多种学术期刊对使用 ChatGPT 等 AI 工具撰写的论文作出限制,甚至拒绝将其列为共同作者。例如,*Nature* 在其投稿指南中明确规定,任何大型语言模型(如 ChatGPT)均不得被列为论文作者,若作者在论文撰写中使用了 AIGC,则需要在文章方法部分或其他适当位置进行明确说明。此外,AI 创作的作品是否能够归属到"智力成果"的范畴,是否受现有版权法的保护,法学界目前也还存在争议。现行版权法主要适用文本、图片、录音录像制品、软件等的直接复制行为,但并未涉及风格模仿等更为复杂的情形。当 AI 通过模仿原作品进行训练并生成相似作品时,很可能引发新的法律问题。例如,Stable Diffusion 和 Midjourney 等 AI 艺术程序的开发者,目前已面临来自艺术界和摄影界的法律诉讼。

除了法律层面的考量外,伦理和道德层面的因素同样不容忽视。我

---

① 郑泉.生成式人工智能的知识生产与传播范式变革及应对[J].自然辩证法研究,2024,40(3):74-82.

们必须确保 AI 在知识生产过程中的使用符合伦理标准，特别是要尊重原创性、避免剽窃等不道德行为。为此，政府应明确制定关于人工智能技术发展和应用的知识产权和数据权利保护规则。例如，Meta 公司开发的数字水印技术 Stable Signature，就能够直接嵌入 AI 自动生成的图片中，从而有效防止其被非法使用。

针对 AIGC 使用于知识生产与传播中可能出现的风险和问题，笔者建议成立由多学科专家组成的专门机构和审查委员会，通过制定相关指南、政策和法律，以规范 AI 技术的正确使用，从而确保 AI 技术在促进知识的生产和传播的同时，又能严格遵循相关的伦理规范。

3. 优化人机分工与协作，有效应对人工智能时代的传播变革

虽然 AIGC 与人类在知识生产方式上存在显著差异，但作为一个拥有强大智能的"非人类实体"，它正在深度介入人类的知识生产活动，其给人类社会带来的影响将是深远和持久的。随着生成式 AIGC 技术的不断进步，人类与 AIGC 之间的关联将更为密切，人类对于 AIGC 的依赖程度也将与日俱增。然而，过度依赖 AIGC 可能会潜在地阻碍科学知识的创新进程。我们应认识到，尽管 AIGC 在知识生成和处理中扮演着日益重要的角色，但它在情境理解和情感共鸣方面仍存在局限。GAI 尚缺乏人类的反思能力、创新思维能力和批判精神，其对知识的生产主要是对已有知识的复制、整理和归纳总结层面，而非创造新的知识。这一局限性恰恰凸显了人类在知识创新中的核心价值。

相较于人工智能，人类在知识创造、科学决策、伦理判断和批判性思维方面具有独到的优势。英国当代著名科学哲学家、哥伦比亚大学教授基切尔的"认知劳动分工理论"强调了科学知识生产过程中不同参与者的角色和分工，不同个体根据各自的能力和专长在科学研究中承担不同职责，以更有效地处理信息、减少重复工作，从而最大化地提升知识产出的效率和质量。这有助于科学共同体作为一个整体更加高效、系统地探索知识。因此，明确人工智能与人类在知识生产中的具体责任和分工，从而实现人机协同进化，可能是人类面对人工智能未来发展更明智的选择。

考虑到人机各自独特的认知特征，我们可以对人机合作进行知识生产做如下分工，即将设定目标、提出假设、解释结果、伦理判断和需要发挥创造性思维和直觉思维的事项交由人类负责，而AIGC主要负责数据发掘和分析、执行重复性任务、进行模式识别和预测分析，揭示那些未被注意到的模式和关联。在这种新型的人机协同关系中，GAI不仅是工具，更是激发新想法和策略的伙伴。然而，人机协作进行知识生产的成功不仅在于分工的优化，更在于协作过程中的互动以及知识的整合与创新。鉴于GAI的可解释性难题仍然是知识协作的一大挑战，故而在这种新型的人机协同关系中，应强调人的主导作用，指导生成式AI进行更加可靠的知识生产。总而言之，在人机协同进化的历史进程中，我们应充分发挥人脑与AI的互补优势，从目标、信念、价值、情境感知、决策等多个层面深入探寻人机协同进化的路径，以此更好地应对未来知识生产与传播中的挑战。

尽管GAI仍处于不断迭代演进之中，但其对人类传播活动带来的历史性变革已经显现。GAI的出现是信息传播发展历史进程中的一个里程碑事件。在智能传播时代，GAI不仅超越了技术作为工具的传统界限，还实现了向传播主体的跨越性转变，从根本上重塑了传播主体的格局，使"人"与"机器"共同成为传播的主体。然而，这一变革并非毫无风险，GAI应用于知识生产与传播，可能引发一系列风险和挑战，如主体不对等、侵犯知识产权、泄露隐私、内容难以控制等。面对这些风险和挑战，我们要坚持"人"在传播中占主导地位，强化价值观的引领，确保GAI在知识生产和传播过程中始终沿着正确的方向稳步发展。

参考文献

［1］ 姚蕾、方博云.AIGC 深度行业报告：新一轮内容生产力革命的起点［EB/OL］.
［2023－03－03］.https://business.sohu.com/a/648709986_121311602.

［2］ 未来十年，AIGC 掀起内容生产力变革？［EB/OL］.［2022－12－26］.https://
caifuhao.eastmoney.com/news/20221226190423448012950.

［3］ 兰德发布《人工智能、深度造假与虚假信息》报告［EB/OL］.［2022－08－30］.
https://ecas.cas.cn/xxkw/kbcd/201115_129423/ml/zjsd/202208/t20220830_
4939365.html.

［4］ 中国信通院.《2022 年人工智能生成内容（AIGC）白皮书》（全文）［EB/OL］.［2023－
04－19］.http://www.ec100.cn/detail——6626582.html.

［5］ 四部门出手！［EB/OL］.［2024－11－24］.https://k.sina.cn/article_1702925432_
65809478019013du0.html.

［6］ 研究称 ChatGPT 回答的编程问题错误率 52％，但 39％人类程序员没看出来
［EB/OL］.［2024－5－25］.https://www.ithome.com/0/770/553.html.

［7］ 全国首例人工智能生成内容著作权案宣判［EB/OL］.［2019－05－16］.http://
tradeinservices.mofcom.gov.cn/article/news/gnxw/201905/82951.html.

［8］ 赵鸽.全国首例人工智能生成图片著作权纠纷案一审生效引讨论［EB/OL］.
［2024－01－30］.http://www.legaldaily.com.cn/The_analysis_of_public_
opinion/content/2024－01/30/content_8956257.html.

［9］ 微软财报电话会：AI 营收将达 100 亿美元 对 OpenAI 巨额投资或影响收益
［EB/OL］.［2024－10－31］.https://news.qq.com/rain/a/20241031A05NTG00.

［10］ 污蔑中国出镜记者是"AI 人"？ 美国媒体又一次刷新下限［EB/OL］.［2024－06－13］.
https://cn.chinadaily.com.cn/a/202406/13/WS666aa5eaa3107cd55d266c4c.html.

［11］ AI 误导严重：ChatGPT 引用准确性不到三成引发出版界担忧［EB/OL］.［2024－
12－03］.https://baijiahao.baidu.com/s? id＝1817401694221580166＆wfr＝
spider＆for＝pc.

［12］ Ginsberg J, Mohebbi MH, Patel RS, Brammer L, Smolinski MS, et al. Detecting influenza epidemics using search engine query data[J]. Nature,(2009),457(7232):1012-4.

［13］雷晨.ChatGPT 风口 A 股镜像[N].21 世纪经济报道,2023-02-08,第 9 版.

［14］朱笑熹.今天,人民日报发布的这个产品不一般[N].人民日报,2020-12-24.

［15］耿海军.俄乌冲突背后的 AI 战争博弈[N].中华读书报,2022-07-13,第 18 版.

［16］方彬楠,冉黎黎.全国首案一审判赔 500 元,"AI 文生图"著作权属于谁? ［N］.北京商报,2024-01-04.

［17］曹飞翠.对人工智能背景下虚假信息治理路径的思考[J].中国信息安全,2023(8).

［18］曾润喜,秦维.人工智能生产内容(AIGC)传播的变迁、风险与善治[J].电子政务,2023(4).

［19］李仁虎,毛伟.从"AI 合成主播"和"媒体大脑"看新华社融合创新发展[J].中国记者,2019(8).

［20］张爱军、贾璐. 算法"舒适圈"及其破茧:兼论 ChatGPT 的算法内容[J].党政研究,2023(2).